Satheesh Gundlapalli

Monitoramento e controle de subestação utilizando tecnologia zigbee

Satheesh Gundlapalli

Monitoramento e controle de subestação utilizando tecnologia zigbee

ScienciaScripts

Imprint

Cover image: www.ingimage.com

This book is a translation from the original published under ISBN 978-620-8-41486-3.

Publisher:
Sciencia Scripts
is a trademark of
Dodo Books Indian Ocean Ltd. and OmniScriptum S.R.L publishing group

120 High Road, East Finchley, London, N2 9ED, United Kingdom
Str. Armeneasca 28/1, office 1, Chisinau MD-2012, Republic of Moldova, Europe
Managing Directors: Ieva Konstantinova, Victoria Ursu
info@omniscriptum.com

Printed at: see last page
ISBN: 978-620-8-52470-8

Índice

CAPÍTULO 1 : INTRODUÇÃO

O fornecimento de energia eléctrica aos clientes requer a era da energia, a transmissão e a apropriação. Inicialmente, a força eléctrica é criada através da utilização de geradores eléctricos, tais como geradores de força atómica, geradores de energia quente e geradores de força de pressão, sendo depois transmitida através de estruturas de transmissão que utilizam alta tensão. A energia é retirada do gerador e vai para a subestação de transmissão. Onde tremendos transformadores alteram a tensão do gerador para um grande grau de alta tensão para uma transmissão separada de longa duração. Neste ponto, o nível de tensão é reduzido pelos transformadores e a força é trocada com os clientes através das estruturas de apropriação da força eléctrica. A energia começa a partir da matriz de transmissão numa subestação adequada, onde a tensão é reduzida.

A distância entre os geradores e a carga pode ser da ordem das centenas de quilómetros, pelo que a enorme quantidade de energia trocada a longas distâncias resultou da falta de qualidade da energia eléctrica. Durante as primeiras fases de desenvolvimento, as questões relativas à qualidade da energia eléctrica não eram frequentemente referidas. A exigência de qualidade da energia fornecida ao lado do utilizador fez soar o alarme devido ao aumento da procura de eletricidade no lado do cliente. Uma enorme quantidade de energia é perdida durante o transporte da energia geral, o que leva à diminuição da intensidade obtida na subestação

A verificação e controlo das subestações é uma tarefa vital para o fornecimento de energia sólida aos compradores neste período. No entanto, devido ao amadurecimento das redes de distribuição (subestações) e à ausência de mecanização das estruturas que monitorizam as condições de base das subestações, o perigo de cortes de energia, queimaduras e incêndios está a aumentar rapidamente.

A subestação é constituída por vários segmentos eléctricos, como transformadores, disjuntores, transferências e assim por diante. Os orifícios de líquido do transformador ou a avaria da proteção interna provocam o sobreaquecimento que leva às desilusões

Para melhorar a qualidade da energia com uma solução diferente, é necessário conhecer o tipo de constrangimento que ocorreu. Além disso, se houver alguma inadequação na proteção, monitorização e controlo de um sistema de energia. O sistema pode tornar-se instável. Por isso, é necessário um sistema de monitorização que possa detetar, monitorizar e classificar automaticamente os constrangimentos existentes nas linhas eléctricas. Atualmente, a energia eléctrica continua a sofrer apagões de controlo e cortes de energia devido à ausência de um exame mecanizado e à fraca capacidade de engano da empresa de eletricidade sobre a rede.

É utilizada uma técnica sem fios chamada Zigbee para mostrar os parâmetros da linha, juntamente com a avaria, aos operadores da linha na subestação, para que possam reagir facilmente e eliminar a avaria em causa.

1.1 DIAGRAMA DE BLOCOS

TRANSMISSOR:

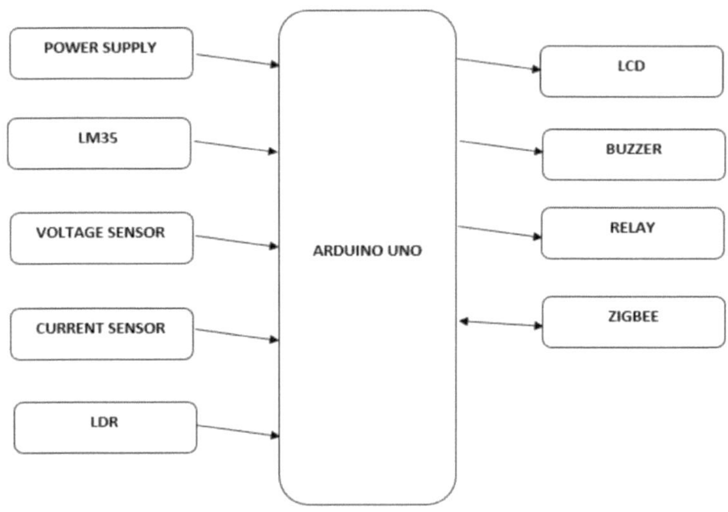

RECEPTOR:

1.2 ESQUEMA DE CIRCUITOS

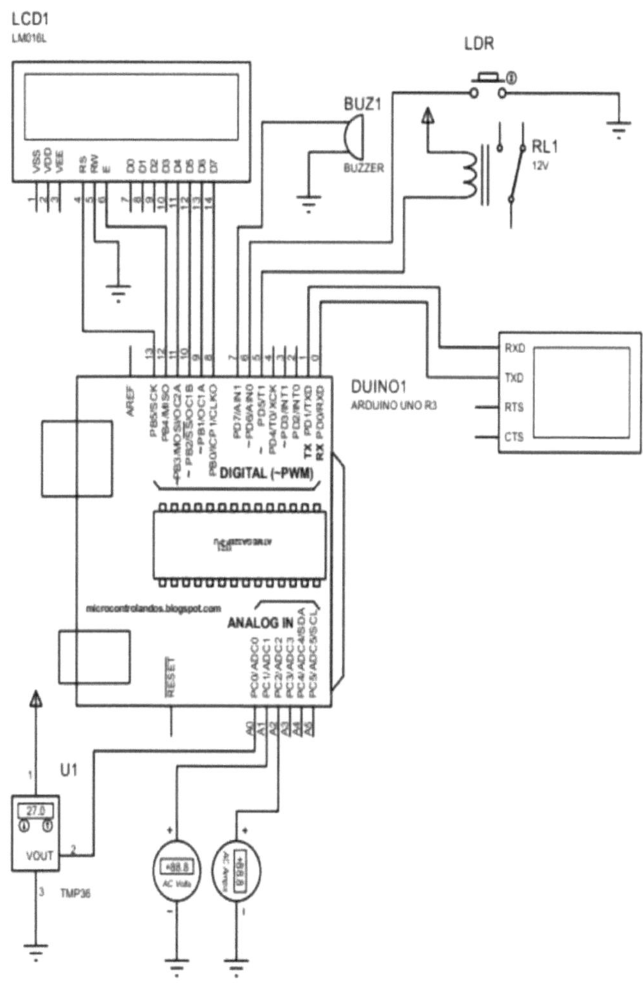

CAPÍTULO 2 : COMPONENTES

2.1 FONTE DE ALIMENTAÇÃO :

Fonte de alimentação é uma referência a uma fonte de energia eléctrica. Um dispositivo ou sistema que fornece energia eléctrica ou outros tipos de energia a uma carga de saída ou a um grupo de cargas é designado por unidade de alimentação ou PSU. O termo é mais frequentemente aplicado a fontes de energia eléctrica, menos frequentemente a fontes mecânicas e raramente a outras

Esta secção da fonte de alimentação é necessária para converter o sinal CA em sinal CC e também para reduzir a amplitude do sinal. O sinal de tensão disponível da rede eléctrica é de 230V/50Hz, que é uma tensão AC, mas o necessário é uma tensão DC (sem frequência) com a amplitude de +5V e +12V para várias aplicações.

Nesta secção, o transformador, o retificador de ponte, estão ligados em série e os reguladores de tensão para +5V e +12V (7805 e 7812) através de um condensador (1000µF) em paralelo estão ligados em paralelo, como se mostra no diagrama de circuito abaixo. Cada saída do regulador de tensão é novamente ligada aos condensadores de valores (100µF, 10µF, 1 µF, 0,1 µF) são ligados em paralelo através dos quais a saída correspondente (+5V ou +12V) é tida em consideração.

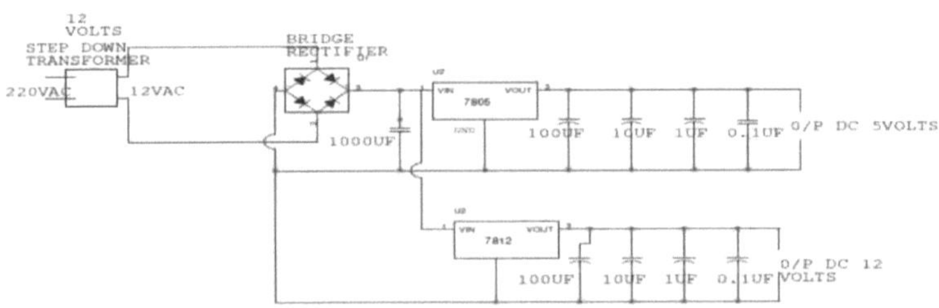

FIG: Fonte de alimentação

TRANSFORMADOR:

Um transformador é um dispositivo que transfere energia eléctrica de um circuito para outro através de condutores eléctricos acoplados indutivamente. Uma corrente variável no primeiro circuito (o primário) cria um campo magnético variável; por sua vez, este campo magnético induz uma tensão variável no segundo circuito (o secundário). Ao adicionar uma carga ao circuito secundário, é possível fazer fluir a corrente no transformador, transferindo assim energia de um circuito para o outro.

A tensão secundária induzida V_S, de um transformador ideal, é escalonada a partir da V_P primária por um fator igual à razão do número de voltas do fio nos respectivos enrolamentos:

$$\frac{V_S}{V_P} = \frac{N_S}{N_P}$$

Princípio de base

O transformador baseia-se em dois princípios: em primeiro lugar, que uma corrente eléctrica pode produzir um campo magnético (eletromagnetismo) e, em segundo lugar, que um campo magnético variável dentro de uma bobina de fio induz uma tensão nas extremidades da bobina (indução electromagnética). Ao alterar a corrente na bobina primária, altera a intensidade do seu campo magnético; uma vez que o campo magnético variável se estende à bobina secundária, é induzida uma tensão na secundária.

O desenho simplificado de um transformador é mostrado abaixo. A passagem de uma corrente através da bobina primária cria um campo magnético. As bobinas primária e secundária são enroladas em torno de um núcleo de permeabilidade magnética muito elevada, como o ferro; isto assegura que a maior parte das linhas de campo magnético produzidas pela corrente primária se encontram no interior do ferro e passam através da bobina secundária, bem como da bobina primária.

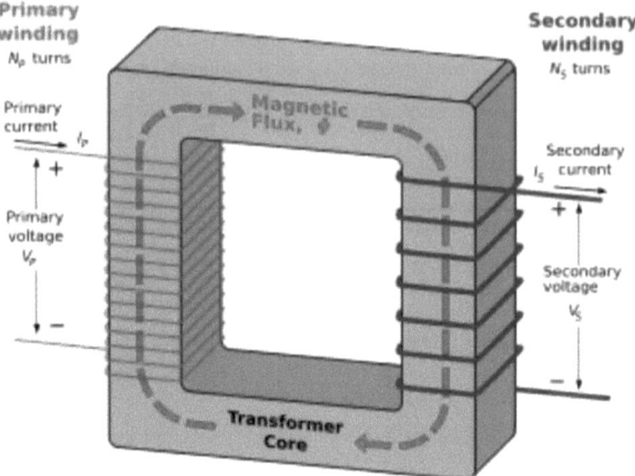

Fig: Núcleo do transformador

Um transformador abaixador ideal mostrando o fluxo magnético no núcleo

Lei da indução

A tensão induzida através da bobina secundária pode ser calculada a partir da lei de Faraday da indução, que estabelece que:

$$V_S = N_S \frac{d\Phi}{dt}$$

Onde VS é a tensão instantânea, NS é o número de espiras da bobina secundária e Φ é o fluxo magnético através de uma espira da bobina. Se as espiras da bobina estiverem orientadas perpendicularmente às linhas do campo magnético, o fluxo é o produto da intensidade do campo magnético B e da área A que ele atravessa. A área é constante, sendo igual à área da secção transversal do núcleo do transformador, enquanto o campo magnético varia com o tempo de acordo com a excitação do primário. Uma vez que o mesmo fluxo magnético passa através das bobinas primária e secundária num transformador ideal, a tensão instantânea através do enrolamento primário é igual a

$$V_P = N_P \frac{\mathrm{d}\Phi}{\mathrm{d}t}$$

Tomando o rácio das duas equações para V_S e V_P obtém-se a equação básica para aumentar ou diminuir a tensão

$$\frac{V_S}{V_P} = \frac{N_S}{N_P}$$

Equação de potência ideal

Se a bobina secundária estiver ligada a uma carga que permita a passagem de corrente, a energia eléctrica é transmitida do circuito primário para o circuito secundário. Idealmente, o transformador é perfeitamente eficiente; toda a energia que entra é transformada do circuito primário para o campo magnético e para o circuito secundário. Se esta condição for cumprida, a energia eléctrica que entra deve ser igual à que sai.

$$P_{incoming} = I_P V_P = P_{outgoing} = I_S V_S$$

Dando a equação do transformador ideal

$$\frac{V_S}{V_P} = \frac{N_S}{N_P} = \frac{I_P}{I_S}$$

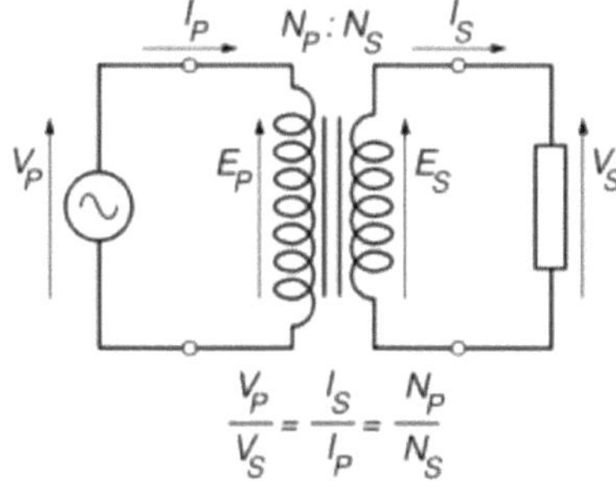

$$P_{in\text{-}coming} = I_P V_P = P_{out\text{-}going} = I_S V_S$$

Dando a equação do transformador ideal

$$\frac{V_S}{V_P} = \frac{N_S}{N_P} = \frac{I_P}{I_S}$$

Se a tensão for aumentada ($V_S > V_P$), então a corrente é diminuída ($I_S < I_P$) pelo mesmo fator. Os transformadores são eficientes, pelo que esta fórmula é uma aproximação razoável.

Se a tensão for aumentada ($V_S > V_P$), então a corrente é diminuída ($I_S < I_P$) pelo mesmo fator. Os transformadores são eficientes, pelo que esta fórmula é uma aproximação razoável.

A impedância de um circuito é transformada pelo quadrado da relação de espiras. Por exemplo, se uma impedância Z_S estiver ligada aos terminais da bobina secundária, o circuito primário parece ter uma impedância de

$$Z_S \left(\frac{N_P}{N_S}\right)^2$$

Esta relação é recíproca, de modo que a impedância Z_P do circuito primário aparece para o secundário como sendo

$$Z_P \left(\frac{N_S}{N_P}\right)^2$$

Funcionamento pormenorizado

A descrição simplificada acima negligencia vários factores práticos, em particular a corrente primária necessária para estabelecer um campo magnético no núcleo e a contribuição para o campo devido à corrente no circuito secundário.

Os modelos de um transformador ideal assumem normalmente um núcleo de relutância negligenciável com dois enrolamentos de resistência zero. Quando uma tensão é aplicada ao enrolamento primário, uma pequena corrente flui, conduzindo o fluxo em torno do circuito magnético do núcleo. A corrente necessária para criar o fluxo é designada por corrente de magnetização; uma vez que o núcleo ideal foi assumido como tendo relutância quase nula, a corrente de magnetização é negligenciável, embora ainda seja necessária para criar o campo magnético. O campo magnético variável induz uma força eletromotriz (EMF) em cada enrolamento. Como os enrolamentos ideais não têm impedância, não têm queda de tensão associada e, portanto, as tensões V_P e V_S medidas nos terminais do transformador são iguais às EMFs correspondentes. O EMF primário, que actua em oposição à tensão primária, é por vezes designado por "EMF posterior". Este facto deve-se à lei de Lenz que estabelece que a indução de CEM será sempre tal que se oporá ao desenvolvimento de qualquer alteração do campo magnético.

RECTIFICADOR DE PONTE:

Uma ponte de díodos ou um retificador de ponte é um arranjo de quatro díodos numa configuração de ponte que fornece a mesma polaridade de tensão de saída para qualquer polaridade de tensão de entrada. Quando utilizado na sua aplicação mais comum, para conversão da corrente alternada (CA) de entrada em corrente contínua (CC) de saída, é conhecido como retificador de ponte. Um retificador em ponte permite a retificação de onda completa a partir de uma entrada de CA de dois fios, o que resulta num custo e peso mais baixos em comparação com um transformador de derivação central, mas tem dois díodos em vez de um, apresentando assim uma eficiência reduzida em relação a um transformador de derivação central para a mesma tensão de saída.

FUNCIONAMENTO BÁSICO:

Quando a entrada ligada no canto esquerdo do diamante é positiva em relação à entrada ligada no canto direito, a corrente flui para a direita ao longo do caminho colorido superior para a saída e regressa à alimentação de entrada através do caminho inferior.

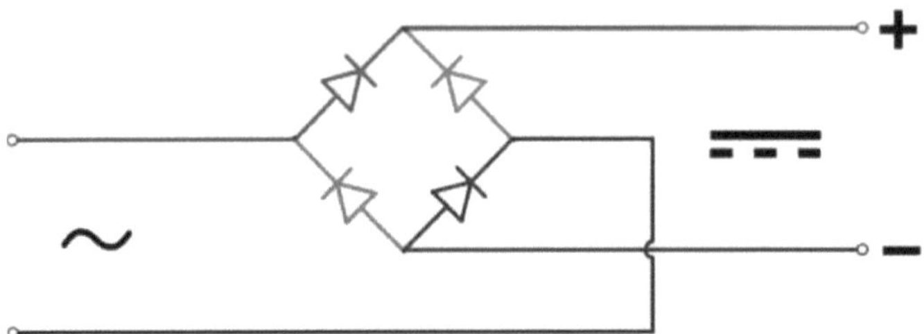

Quando o canto direito é positivo em relação ao canto esquerdo, a corrente flui ao longo do caminho colorido superior e regressa à alimentação através do caminho colorido inferior.

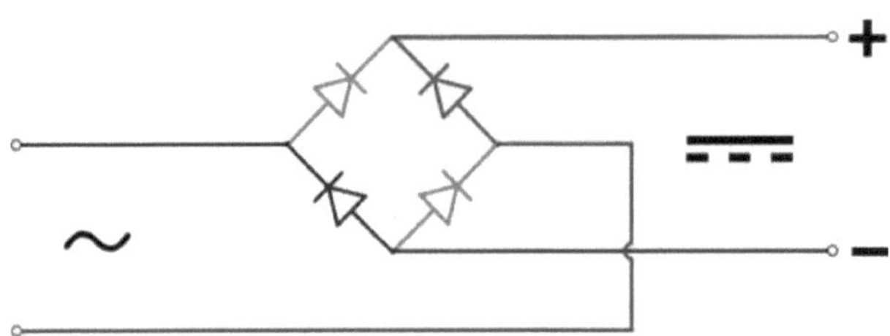

Em cada caso, a saída superior direita permanece positiva em relação à inferior direita. Uma vez que isto é verdade quer a entrada seja AC ou DC, este circuito não só produz energia DC quando alimentado com energia AC: também pode fornecer aquilo a que por vezes se chama "proteção contra polaridade inversa". Ou seja, permite o funcionamento normal quando as baterias são instaladas ao contrário ou quando a cablagem de alimentação de entrada CC "tem os fios cruzados" (e protege os circuitos que alimenta contra danos que possam ocorrer sem este circuito).

Antes da disponibilidade de eletrónica integrada, este tipo de retificador em ponte era sempre construído a partir de componentes discretos. Desde cerca de 1950, um único componente de quatro terminais contendo os quatro díodos ligados na configuração de ponte tornou-se um componente comercial padrão e está agora disponível com várias classificações de tensão e corrente.

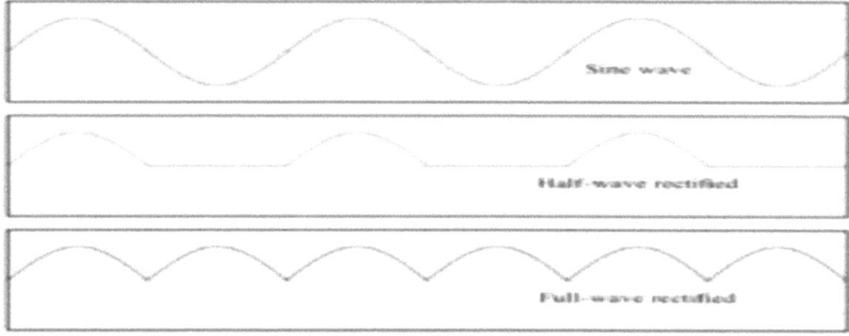

Fig: Forma de onda

SUAVIZAÇÃO DA SAÍDA (UTILIZANDO UM CONDENSADOR):

Para muitas aplicações, especialmente com CA monofásica, em que a ponte de onda completa serve para converter uma entrada CA numa saída CC, a adição de um condensador pode ser importante porque a ponte por si só fornece uma tensão de saída de polaridade fixa mas de magnitude pulsante (ver diagrama acima).

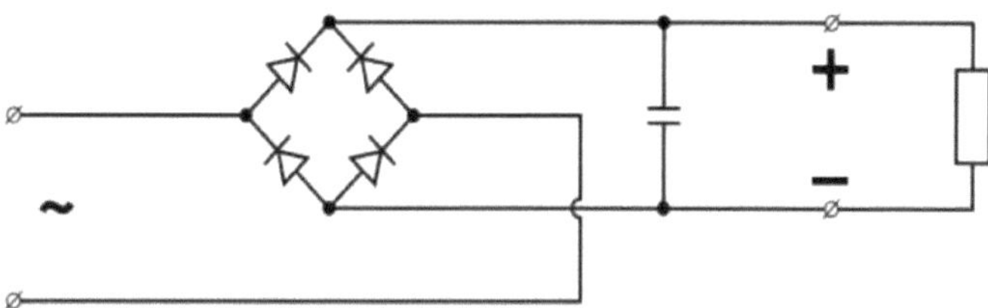

Fig: Suavização da saída utilizando um condensador

A função deste condensador, conhecido como condensador de reservatório (também conhecido como condensador de suavização) é diminuir a variação (ou "suavizar") a forma de onda da tensão de saída CA rectificada da ponte. Uma explicação da "suavização" é que o condensador fornece um caminho de baixa impedância para o componente CA da saída, reduzindo a tensão CA através da carga resistiva e a corrente CA através da mesma. Em termos menos técnicos, qualquer queda na tensão de saída e na corrente da ponte tende a ser cancelada pela perda de carga no condensador.

Esta carga flui como corrente adicional através da carga. Assim, a alteração da corrente e da tensão de carga é reduzida em relação ao que ocorreria sem o condensador. Os aumentos de tensão armazenam correspondentemente o excesso de carga no condensador, moderando assim a alteração na tensão/corrente de saída. Ver também suavização da saída do retificador.

O circuito simplificado apresentado tem uma reputação bem merecida de ser perigoso, porque, em algumas aplicações, o condensador pode reter uma carga letal depois de a fonte de alimentação CA ser removida. Se fornecer uma tensão perigosa, um circuito prático deve incluir uma forma fiável de descarregar o condensador em segurança.

Se não for possível garantir que a carga normal desempenhe esta função, talvez porque possa ser desligada, o circuito deve incluir uma resistência de purga ligada o mais próximo possível do condensador. Esta resistência deve consumir uma corrente suficientemente grande para descarregar o condensador num tempo razoável, mas suficientemente pequena para evitar desperdícios de energia desnecessários.

Como um sangrador estabelece um dreno de corrente mínimo, a regulação do circuito, definida como a variação percentual da tensão da carga mínima para a máxima, é melhorada. No entanto, em muitos casos, a melhoria é de magnitude insignificante.

O capacitor e a resistência de carga têm uma constante de tempo típica $\tau = RC$, onde C e R são a capacitância e a resistência de carga, respetivamente. Desde que a resistência de carga seja suficientemente grande para que esta constante de tempo seja muito mais longa do que o tempo de um ciclo de ondulação, a configuração acima produzirá uma tensão CC alisada através da carga.

Em alguns projectos, é adicionada uma resistência em série no lado da carga do condensador. A suavização pode então ser melhorada adicionando estágios adicionais de pares capacitor-resistor, muitas vezes feito apenas para sub-suprimentos para circuitos críticos de alto ganho que tendem a ser sensíveis ao ruído da tensão de alimentação.

As formas de onda idealizadas mostradas acima são vistas tanto para a tensão quanto para a corrente quando a carga na ponte é resistiva. Quando a carga inclui um capacitor de suavização, as formas de onda da tensão e da corrente serão bastante alteradas. Enquanto a tensão é suavizada, como descrito acima, a corrente fluirá através da ponte somente durante o tempo em que a tensão de entrada for maior que a tensão do capacitor. Por exemplo, se a carga consome uma corrente média de n Amps e os díodos conduzem durante 10% do tempo, a corrente média dos díodos durante a condução deve ser de 10n Amps. Esta corrente não sinusoidal conduz a distorção harmónica e a um fraco fator de potência na alimentação CA.

Num circuito prático, quando um condensador está diretamente ligado à saída de uma ponte, os díodos da ponte devem ser dimensionados para suportar o pico de corrente que ocorre quando a alimentação é ligada no pico da tensão CA e o condensador está totalmente descarregado. Por vezes, é incluída uma pequena resistência em série antes do condensador para limitar esta corrente, embora na maioria das aplicações a resistência do transformador da fonte de alimentação já seja suficiente.

A saída também pode ser suavizada utilizando uma bobina e um segundo condensador. A bobina tende a manter a corrente (e não a tensão) mais constante. Devido ao custo relativamente elevado de uma bobina eficaz em comparação com uma resistência e um condensador, esta não é utilizada nos equipamentos modernos.

Alguns rádios de consola antigos criavam o campo constante do altifalante com a corrente da fonte de alimentação de alta tensão ("B+"), que era depois encaminhada para os circuitos de consumo (os ímanes permanentes eram considerados demasiado fracos para um bom desempenho) para criar o campo magnético constante do altifalante. A bobina de campo do altifalante desempenhava assim duas funções numa só: actuava como um estrangulador, filtrando a fonte de alimentação, e produzia o campo magnético para fazer funcionar o altifalante.

Regulador de tensão:

Um regulador de tensão é um regulador elétrico concebido para manter automaticamente um nível de tensão constante.

A série de dispositivos 78xx (também conhecida por vezes como LM78xx) é uma família de circuitos integrados reguladores de tensão linear fixa autónomos. A família 78xx é uma escolha muito popular para muitos circuitos electrónicos que requerem uma fonte de alimentação regulada, devido à sua facilidade de utilização e ao seu relativo baixo custo.

Ao especificar ICs individuais dentro desta família, o xx é substituído por um número de dois dígitos, que indica a tensão de saída que o dispositivo específico foi concebido para fornecer (por exemplo, o 7805 tem uma saída de 5 volts, enquanto o 7812 produz 12 volts). A linha 78xx é constituída por reguladores de tensão positiva, o que significa que foram concebidos para produzir uma tensão positiva relativamente a uma massa comum.

Existe uma linha relacionada de dispositivos 79xx que são reguladores de tensão negativa complementares. Os CIs 78xx e 79xx podem ser utilizados em combinação para fornecer tensões de alimentação positivas e negativas no mesmo circuito, se necessário.

Os CIs 78xx têm três terminais e encontram-se mais frequentemente no formato TO220, embora alguns fabricantes disponibilizem também pacotes de montagem em superfície mais pequenos e pacotes TrO3 maiores. Estes dispositivos suportam normalmente uma tensão de entrada que pode variar entre um par de volts acima da tensão de saída pretendida, até um máximo de 35 ou 40 volts, e podem normalmente fornecer até cerca de 1 ou 1,5 amperes de corrente (embora os pacotes mais pequenos ou maiores possam ter uma classificação de corrente inferior ou superior).

CAPÍTULO 3 : ARDUINO

3.1 INTRODUÇÃO:

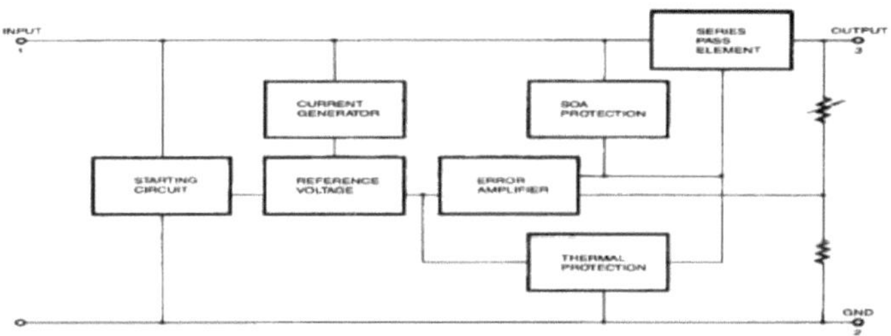

FIG: Diagrama de blocos interno

O Arduino é uma empresa de hardware e software, um projeto e uma comunidade de utilizadores que concebe e fabrica kits de microcontroladores para a construção de dispositivos digitais e objectos interactivos capazes de detetar e controlar objectos no mundo físico. Os produtos do projeto são distribuídos como hardware e software de código aberto, licenciados ao abrigo da GNU Lesser General Public License (LGPL) ou da GNU General Public License (GPL),[1] permitindo o fabrico de placas Arduino e a distribuição de software por qualquer pessoa. As placas Arduino estão disponíveis comercialmente na forma pré-montada ou como kits "faça você mesmo".

As placas Arduino utilizam uma variedade de microprocessadores e controladores. As placas estão equipadas com conjuntos de pinos de entrada/saída (E/S) digitais e analógicos que podem ser ligados a várias placas de expansão (shields) e outros circuitos. As placas possuem interfaces de comunicação em série, incluindo Universal Serial Bus (USB) em alguns modelos, que também são utilizadas para carregar programas a partir de computadores pessoais. Os microcontroladores são normalmente programados utilizando um dialeto de caraterísticas das linguagens de programação C e C++.

Para além de utilizar cadeias de ferramentas de compiladores tradicionais, o projeto Arduino fornece um ambiente de desenvolvimento integrado (IDE) baseado no projeto da linguagem Processing.

O projeto Arduino teve início em 2005 como um programa para estudantes do Interaction Design Institute Ivrea, em Ivrea, Itália,[2] com o objetivo de proporcionar uma forma fácil e de baixo custo para principiantes e profissionais criarem dispositivos que interagem com o seu ambiente utilizando sensores e actuadores. Exemplos comuns de tais dispositivos destinados a amadores principiantes incluem robôs simples, termóstatos e detectores de movimento.

O nome Arduino vem de um bar em Ivrea, Itália, onde alguns dos fundadores do projeto se encontravam. O bar recebeu o nome de Arduino de Ivrea, que foi margrave da Marcha de Ivrea e rei de Itália de 1002 a 1014.

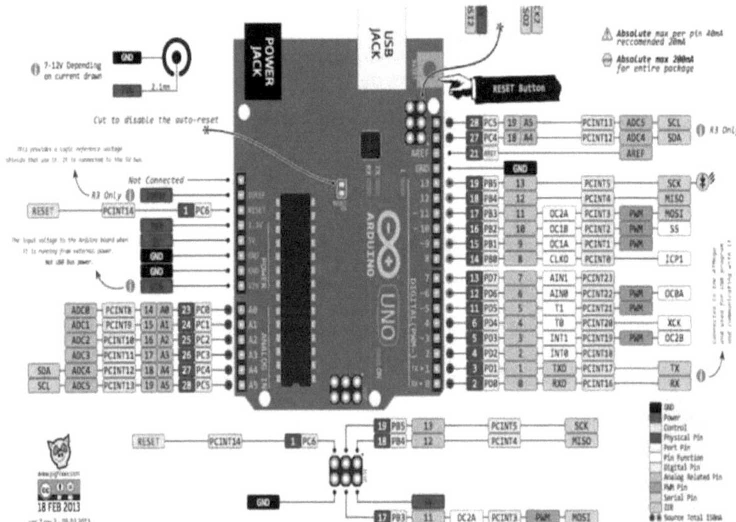

Fig: Vista interna do Arduino

HISTÓRIA

A origem do projeto Arduino começou no Interaction Design Institute Ivrea (IDII) em Ivrea, Itália. [Nessa altura, os estudantes utilizaram um microcontrolador BASIC Stamp com um custo de 100 dólares, uma despesa considerável para muitos estudantes. Em 2004, o estudante colombiano Hernando Barraging criou a plataforma de desenvolvimento wiring como projeto de tese de mestrado no IDII, sob a supervisão de

Massimo Banzi e Casey Reas, conhecidos pelo seu trabalho na linguagem Processing. O objetivo do projeto era criar ferramentas simples e de baixo custo para a criação de projectos digitais por não engenheiros. A plataforma Wiring consistia numa placa de circuito impresso (PCB) com um microcontrolador ATmega168, um IDE baseado em Processing e funções de biblioteca para programar facilmente o microcontrolador. [4]

Após a conclusão da plataforma Wiring, foram distribuídas na comunidade de código aberto versões mais leves e menos dispendiosas.

A Adafruit Industries, um fornecedor de placas, peças e conjuntos Arduino da cidade de Nova Iorque, estimou, em meados de 2011, que mais de 300 000 Arduinos oficiais tinham sido produzidos comercialmente e, em 2013, que 700 000 placas oficiais estavam nas mãos dos utilizadores.

HARDWARE:

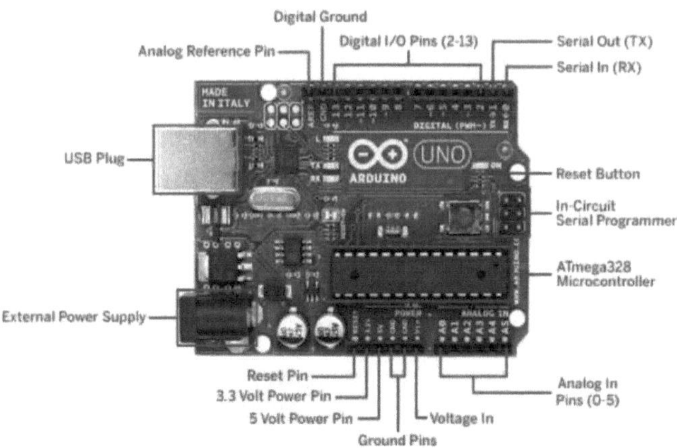

Fig: Hardware do Ardunio

O Arduino é um hardware de código aberto. Os desenhos de referência do hardware são distribuídos ao abrigo de uma licença Creative Commons Attribution Share-Alike 2.5 e estão disponíveis no sítio Web do Arduino. Também estão disponíveis ficheiros de layout e de produção para algumas versões do hardware. O código fonte para o IDE é lançado sob a GNU General Public License, versão 2. No entanto, a equipa do Arduino nunca divulgou uma lista oficial de materiais das placas Arduino.

Embora os projectos de hardware e software estejam disponíveis gratuitamente ao abrigo de licenças de cópia à esquerda, os criadores solicitaram que o nome Arduino fosse exclusivo do produto oficial e não fosse utilizado para trabalhos derivados sem autorização. O documento oficial de política sobre a utilização do nome Arduino sublinha que o projeto está aberto à incorporação de trabalhos de outros no produto oficial. Vários produtos compatíveis com o Arduino lançados comercialmente evitaram o nome do projeto, utilizando vários nomes terminados em Arduino.

Uma placa Arduino é constituída por um microcontrolador Atmel AVR de 8, 16 ou 32 bits (ATmega8, ATmega168, ATmega328, ATmega1280, ATmega2560), mas desde 2015 que são utilizados microcontroladores de outros fabricantes. As placas utilizam pinos de uma fila ou cabeçalhos fêmea que facilitam as ligações para programação e incorporação noutros circuitos. Estes podem ligar-se a módulos adicionais denominados shields. Os shields múltiplos, e possivelmente empilhados, podem ser individualmente endereçáveis através de um bus série I^2C. A maioria das placas inclui um regulador linear de 5 V e um oscilador de cristal de 16 MHz ou um ressonador de cerâmica. Alguns projectos, como o Lily Pad, funcionam a 8 MHz e dispensam o regulador de tensão integrado devido a restrições específicas do fator de forma.
Os microcontroladores Arduino são pré-programados com um gestor de arranque que simplifica o carregamento de programas para a memória flash integrada. O carregador de arranque predefinido do Arduino UNO é o opt boot, carregador de arranque. As placas são carregadas com código de programa através de uma ligação em série a outro computador. Algumas placas Arduino de série contêm um circuito de mudança de nível para converter entre os níveis lógicos RS-232 e os sinais de nível lógico transístor-transístor (TTL). As placas Arduino actuais são programadas através do Universal Serial Bus (USB), implementado utilizando chips adaptadores USB-para-série, como o FTDI FT232. Algumas placas, como as placas Uno de modelos mais recentes, substituem o chip FTDI por um chip AVR separado contendo firmware USB-para-serial, que é

reprogramável através do seu próprio conetor ICSP.

Outras variantes, como o Arduino Mini e o Arduino Board não oficial, utilizam uma placa ou cabo adaptador USB-para-série amovível, Bluetooth ou outros métodos, quando utilizados com ferramentas tradicionais de microcontroladores em vez do IDE Arduino; é utilizada a programação normal do AVR insystem programming (ISP).

A placa Arduino expõe a maioria dos pinos de E/S do microcontrolador para serem utilizados por outros circuitos . O Decimals, o Duemilanove e o Uno atual fornecem 14 pinos de E/S digitais, seis dos quais podem produzir sinais modulados por largura de impulso, e seis entradas analógicas, que também podem ser utilizadas como seis pinos de E/S digitais. Estes pinos encontram-se na parte superior da placa, através de conectores fêmea de 0,1 polegadas (2,54 mm). Também estão disponíveis comercialmente vários escudos de aplicação plug-in. O Arduino Nano e as placas Bare Bones Board e Boarduinoboards compatíveis com Arduino podem fornecer pinos de cabeçalho macho na parte inferior da placa que podem ser conectados a placas de ensaio sem solda.

Existem muitas placas compatíveis com o Arduino e derivadas do Arduino. Algumas são funcionalmente equivalentes a um Arduino e podem ser utilizadas indistintamente. Muitas melhoram o Arduino básico adicionando controladores de saída, muitas vezes para utilização no ensino escolar, para simplificar a construção de buggies e pequenos robots. Outras são eletricamente equivalentes, mas alteram o fator de forma, mantendo por vezes a compatibilidade com shields, outras vezes não. Algumas variantes utilizam processadores diferentes, de compatibilidade variável.

QUADROS OFICIAIS:

O hardware original do Arduino foi produzido pela empresa italiana Smart Projects. Algumas placas com a marca Arduino foram concebidas pelas empresas americanas Spark Fun Electronics e Ad fruit Industries. A partir de 2016, foram produzidas comercialmente 17 versões do hardware Arduino.

DESENVOLVIMENTO DE SOFTWARE

Um programa para o Arduino pode ser escrito em qualquer linguagem de programação para um compilador que produza código de máquina binário para o processador de destino. A Atmel fornece um ambiente de desenvolvimento para os seus microcontroladores, o AVR Studio e o mais recente Atmel Studio.

O projeto Arduino fornece o ambiente de desenvolvimento integrado (IDE) Arduino, que é uma aplicação multiplataforma escrita na linguagem de programação java. O IDE teve origem no IDE para as linguagens de processamento e cablagem. Inclui um editor de código com funcionalidades tais como cortar e colar texto, procurar e substituir texto, recuo automático, correspondência de chaves e realce de sintaxe, e fornece mecanismos simples de um clique em para compilar e carregar programas para uma placa Arduino. Contém também uma área de mensagens, uma consola de texto, uma barra de ferramentas com botões para funções comuns e uma hierarquia de menus de operação.

Um programa escrito com o IDE para Arduino chama-se um sketch.[40] Os sketches são guardados no computador de desenvolvimento como ficheiros de texto com a extensão de ficheiro.ino. O software Arduino (IDE) pré-1.0 guardava os sketches com a extensão.pde.

O IDE do Arduino suporta as linguagens e C++ usando regras especiais de estruturação de código. O Arduino IDE fornece uma biblioteca de software do projeto Wiring, que fornece muitos procedimentos comuns de entrada e saída. O código escrito pelo utilizador requer apenas duas funções básicas, para iniciar o esboço e o ciclo do programa principal, que são compiladas e ligadas a um stub de programa main() num programa executivo cíclico executável com a cadeia de ferramentas GNU, também incluída na distribuição do IDE. O IDE do Arduino utiliza o programa argumentado para converter o código executável num ficheiro de texto em codificação hexadecimal que é carregado na placa Arduino por um programa de carregamento no firmware da placa.

APLICAÇÕES:

- Xoscillo, um osciloscópio de código aberto.

- Arduinome, um dispositivo controlador MIDI que imita o Monomer
- OBDuino, um computador de bordo que utiliza a interface de diagnóstico a bordo existente na maioria dos automóveis modernos.
- Ardupilot, software e hardware para drones.
- Gameduino, um escudo Arduino para criar videojogos 2D retro.
- Arduino Phone, um telemóvel "faça você mesmo".
- Plataforma de teste da qualidade da água.
- Sistema de titulação automática baseado em Arduino e motor de passo.
- Luva de dados de baixo custo para aplicações de realidade virtual.
- Sistema de sensor de impedância para deteção de adulteração de leite bovino[5]
- CNC caseiro utilizando Arduino e motores DC com controlo em circuito fechado por Homo fascines.
- Controlo de motores DC utilizando Arduino e ponte H.

3.2 ESPECIFICAÇÕES TÉCNICAS:

Microcontroller	ATmega328P
Operating Voltage	5V
Input Voltage (recommended)	7-12V
Input Voltage (limit)	6-20V
Digital I/O Pins	14 (of which 6 provide PWM output)
PWM Digital I/O Pins	6
Analog Input Pins	6
DC Current per I/O Pin	20 mA
DC Current for 3.3V Pin	50 mA
Flash Memory	32 KB (ATmega328P) of which 0.5 KB used by bootloader
SRAM	2 KB (ATmega328P)
EEPROM	1 KB (ATmega328P)
Clock Speed	16 MHz
LED_BUILTIN	13
Length	68.6 mm
Width	53.4 mm
Weight	25 g

PROGRAMAÇÃO

O Arduino Uno pode ser programado com o (Arduino Software (IDE)). Selecione "Arduino Uno no menu Ferramentas > Placa (de acordo com o microcontrolador na sua placa). Para mais pormenores, consulte a referência e os tutoriais.

O ATmega328 no Arduino Uno vem pré-programado com um carregador de arranque que lhe permite carregar novo código sem a utilização de um programador de hardware externo. Comunica utilizando o protocolo STK500 original (referência, ficheiros de cabeçalho C).

Também é possível ignorar o carregador de arranque e programar o microcontrolador através do cabeçalho ICSP (In-Circuit Serial Programming) utilizando o Arduino ISP ou semelhante; consulte estas instruções em para obter mais pormenores.

O código fonte do firmware do ATmega16U2 (ou 8U2 nas placas rev1 e rev2) está disponível no repositório Arduino. O ATmega16U2/8U2 é carregado com um carregador de arranque DFU, que pode ser ativado por:

- Nas placas Rev1: ligar o jumper de solda na parte de trás da placa (perto do mapa de Itália) e depois reiniciar a 8U2.
- Nas placas Rev2 ou posteriores: há um resistor que puxa a linha HWB do 8U2/16U2 para o terra, facilitando a colocação em modo DFU.

Pode então utilizar o software FLIP da Atmel (Windows) ou o programador DFU (Mac OS X e Linux) para carregar um novo firmware. Ou pode utilizar o cabeçalho ISP com um programador externo (substituindo o carregador de arranque DFU). Veja este tutorial contribuído por um utilizador para mais informações.

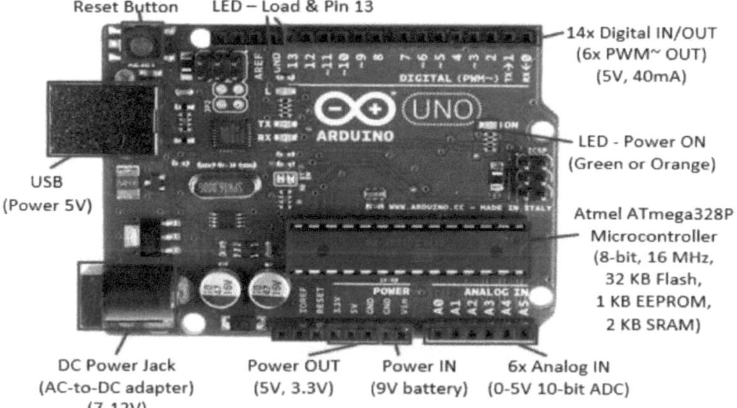

Fig: ARDUINO UNO

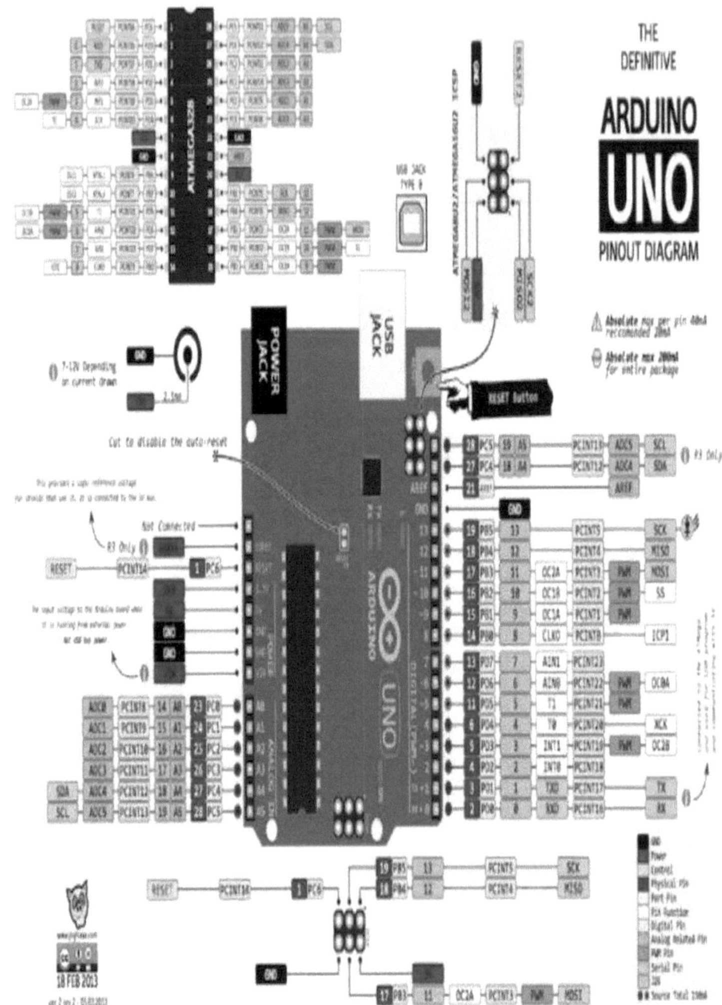

Fig: Diagrama PINOUT do Arduino UNO

3.3 MAPEAMENTO DE PINOS

Atmega168 Pin Mapping

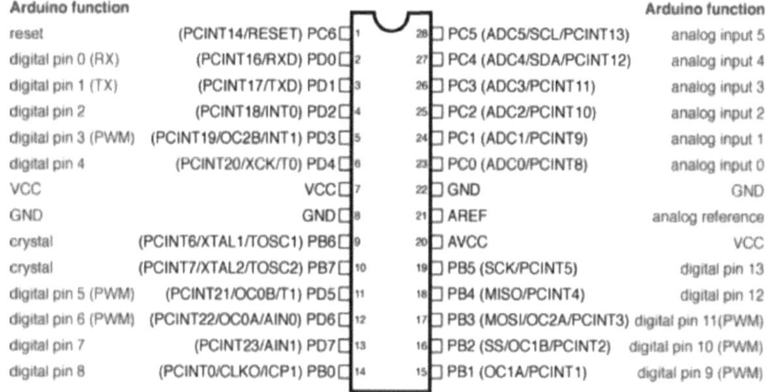

Digital Pins 11,12 & 13 are used by the ICSP header for MOSI, MISO, SCK connections (Atmega168 pins 17,18 & 19). Avoid low-impedance loads on these pins when using the ICSP header.

Fig: Mapeamento dos pinos do At mega 168

Avisos

O Arduino Uno tem um polifusível reiniciável que protege as portas USB do seu computador contra curto-circuitos e sobrecorrentes. Embora a maioria dos computadores forneça a sua própria proteção interna, o fusível fornece uma camada extra de proteção. Se forem aplicados mais de 500 mA à porta USB, o fusível interromperá automaticamente a ligação até que o curto-circuito ou a sobrecarga sejam eliminados.

Diferenças com outros conselhos de administração

O Uno difere de todas as placas anteriores pelo facto de não usar o chip de driver USB-para-serial FTDI. Em vez disso, possui o Atmega16U2 (Atmega8U2 até à versão R2) programado como um conversor USB-para-série.

Potência

A placa Arduino Uno pode ser alimentada através da ligação USB ou com uma fonte de alimentação externa . A fonte de alimentação é selecionada automaticamente.

A alimentação externa (não-USB) pode vir de um adaptador AC-to-DC (wall-wart) ou de uma bateria. O adaptador pode ser ligado ligando uma ficha de 2,1 mm de centro-positivo à tomada de alimentação da placa. Os fios de uma bateria podem ser inseridos nas cabeças dos pinos GND e Vin do conetor POWER.

A placa pode funcionar com uma alimentação externa de 6 a 20 volts. No entanto, se for alimentada com menos de 7V, o pino de 5V pode fornecer menos de cinco volts e a placa pode tornar-se instável. Se utilizar mais de 12V, o regulador de tensão pode sobreaquecer e danificar a placa. O intervalo recomendado é de 7 a 12 volts.

Os pinos de alimentação são os seguintes:

- Vin. A tensão de entrada para a placa Arduino quando esta está a utilizar uma fonte de alimentação externa (em oposição aos 5 volts da ligação USB ou de outra fonte de alimentação regulada). Pode fornecer tensão através deste pino ou, se fornecer tensão através da tomada de alimentação, aceder-lhe através deste pino.
- 5V.Este pino produz uma saída regulada de 5V a partir do regulador na placa. A placa pode ser alimentada a partir da tomada de alimentação DC (7 - 12V), do conetor USB (5V), ou do pino VIN da placa (7-12V). O fornecimento de tensão através dos pinos de 5V ou 3.3V contorna o regulador e pode danificar a sua placa. Não o aconselhamos.
- 3V3. Uma alimentação de 3,3 volts gerada pelo regulador integrado. O consumo máximo de corrente é de 50 mA.
- GND. Pinos de terra.
- IOREF. Este pino na placa Arduino fornece a referência de tensão com a qual o microcontrolador funciona. Um shield devidamente configurado pode ler a tensão do pino IOREF e selecionar a fonte de alimentação adequada ou ativar tradutores de tensão nas saídas para trabalhar com 5V ou 3,3V.

Memória

O ATmega328 tem 32 KB (com 0,5 KB ocupados pelo gestor de arranque). Ele também tem 2 KB de SRAM e 1 KB de EEPROM (que pode ser lida e escrita com a biblioteca

EEPROM).

Entrada e saída

Veja o mapeamento entre os pinos do Arduino e as portas do ATmega328P. O mapeamento para o Atmega8, 168 e 328 é idêntico.

Cada um dos 14 pinos digitais do Uno pode ser usado como entrada ou saída, usando as funções Mode (), digital Write() e digital Read() do pino. Elcs operam a 5 volts. Cada pino pode fornecer ou receber 20 mA como condição de funcionamento recomendada e tem uma resistência de pull-up interna (desligada por defeito) de 20-50k ohm. Um valor máximo de 40 mA é o valor que não deve ser excedido em qualquer pino de E/S para evitar danos permanentes no microcontrolador.

Além disso, alguns pinos têm funções especializadas:

- Série: 0 (RX) e 1 (TX). Utilizados para receber (RX) e transmitir (TX) dados de série TTL. Estes pinos estão ligados aos pinos correspondentes do chip ATmega8U2 USB-to-TTL Serial.
- Interrupções externas: 2 e 3. Estes pinos podem ser configurados para acionar uma interrupção num valor baixo, num bordo ascendente ou descendente, ou numa alteração de valor. Para mais informações, consulte a função anexar interrupção ().
- PWM: 3, 5, 6, 9, 10 e 11. Fornecer uma saída PWM de 8 bits com a função analógica Write().
- SPI: 10 (SS), 11 (MOSI), 12 (MISO), 13 (SCK). Estes pinos suportam a comunicação SPI utilizando a biblioteca SPI.
- LED: 13. Existe um LED incorporado acionado pelo pino digital 13. Quando o pino tem um valor ALTO, o LED está ligado, quando o pino está BAIXO, está desligado.
- TWI: A4 ou pino SDA e A5 ou pino SCL. Suporta a comunicação TWI utilizando a biblioteca Wire.

O Uno tem 6 entradas analógicas, rotuladas de A0 a A5, cada uma com 10 bits de resolução (ou seja, 1024 valores diferentes). Por defeito, medem de terra a 5 volts, embora seja possível alterar o limite superior da sua gama usando o pino AREF e a função analógica Reference().

HÁ MAIS ALGUNS PINOS NA PLACA:

1. AREF. Tensão de referência para as entradas analógicas. Utilizada com Referência analógica().
2. Reiniciar. Colocar esta linha em LOW para reiniciar o microcontrolador. Tipicamente utilizado para adicionar um botão de reset a shields que bloqueiam o botão existente na placa

COMUNICAÇÃO:

O Arduino Uno tem uma série de facilidades para comunicar com um computador, outra placa Arduino ou outros microcontroladores. O ATmega328 fornece comunicação serial UART TTL (5V), que está disponível nos pinos digitais 0 (RX) e 1 (TX). Um ATmega16U2 na placa canaliza esta comunicação de série através de USB e aparece como uma porta de comunicação virtual para o software no computador. O firmware do 16U2 usa os drivers USB COM padrão, e nenhum driver externo é necessário. No entanto, no Windows, é necessário um ficheiro .inf. O software Arduino (IDE) inclui um monitor de série que permite o envio de dados textuais simples de e para a placa. Os LEDs RX e TX da placa piscam quando os dados estão a ser transmitidos através do chip USB-para-série e da ligação USB ao computador (mas não para a comunicação em série nos pinos 0 e 1).

Uma biblioteca de Software Serial permite a comunicação serial em qualquer um dos pinos digitais do Uno. O ATmega328 também suporta comunicação I2C (TWI) e SPI. O software Arduino (IDE) inclui uma biblioteca Wire para simplificar a utilização do barramento I2C; consulte a documentação para mais pormenores. Para a comunicação SPI, utilize a biblioteca SPI.

REINICIALIZAÇÃO AUTOMÁTICA (SOFTWARE):

Em vez de exigir uma pressão física no botão de reinicialização antes de um carregamento, a placa Arduino Uno foi concebida de forma a permitir a sua reinicialização através de software executado num computador ligado. Uma das linhas de controlo de fluxo do hardware (DTR) do ATmega8U2/16U2 está ligada à linha de reset do ATmega328 através de um condensador de 100 nano-farad. Quando esta linha é activada (tomada em baixo), a linha de reset desce o tempo suficiente para reiniciar o chip. O software Arduino (IDE) utiliza esta capacidade para permitir o carregamento de código através de , bastando premir o botão de carregamento na barra de ferramentas da interface. Isto significa que o carregador de arranque pode ter um tempo limite mais curto, uma vez que a descida da DTR pode ser bem coordenada com o início do carregamento. Esta configuração tem outras implicações. Quando o Uno está ligado a um computador a correr Mac OS X ou Linux, reinicia sempre que é feita uma ligação a ele a partir de software (via USB). Durante o meio segundo seguinte, mais ou menos, o gestor de arranque está a correr no Uno. Enquanto ele é programado para ignorar dados malformados (i.e. qualquer coisa além de um upload de novo código), ele vai intercetar os primeiros bytes de dados enviados para a placa depois que uma conexão é aberta. Se um sketch em execução na placa recebe configuração única ou outros dados quando é iniciado pela primeira vez, certifique-se de que o software com o qual ele se comunica espera um segundo após abrir a conexão e antes de enviar esses dados.

A placa Uno contém um traço que pode ser cortado para desativar a reinicialização automática. Os pads de cada lado do traço podem ser soldados entre si para o reativar. Está identificado como "RESET-EN". Também pode ser possível desativar a reinicialização automática ligando uma resistência de 110 ohm de 5V à linha de reinicialização; consulte este tópico do fórum para obter detalhes.

REVISÕES:

A revisão 3 da placa tem as seguintes novas funcionalidades:

1. pin out: adicionados os pinos SDA e SCL que se encontram junto ao pino AREF e dois outros pinos novos colocados junto ao pino RESET, o IOREF que permitem que os shields se adaptem à tensão fornecida pela placa. No futuro, os

shields serão compatíveis tanto com a placa que usa o AVR, que opera com 5V, como com o Arduino Due que opera com 3.3V. O segundo é um pino não conectado que está reservado para fins futuros.

2. Circuito RESET mais potente.
3. A mega 16U2 substitui a 8U2.

CAPÍTULO 4: ZIGBEE

4.1 INTRODUÇÃO:

ZigBee é o nome de uma especificação para um conjunto de protocolos de comunicação de alto nível que utilizam rádios digitais pequenos e de baixa potência baseados na norma IEEE 802.15.4-2006 para redes de área pessoal sem fios (WPAN), tais como auscultadores sem fios que se ligam a telemóveis através de rádio de curto alcance. A tecnologia pretende ser mais simples e mais barata do que outras WPAN, como o Bluetooth. O ZigBee destina-se a aplicações de radiofrequência (RF) que requerem um baixo débito de dados, uma bateria de longa duração e uma ligação em rede segura.

A propósito, o termo "ZigBee" tem origem no método de comunicação silencioso, mas poderoso, utilizado pelas abelhas para comunicar informações sobre as fontes de alimentação. Este sistema de comunicação é conhecido como o "Princípio ZigBee". Ao voar num padrão em ziguezague, uma abelha é capaz de partilhar informações críticas, como a localização, a distância e a direção de uma fonte de alimento recém-descoberta, com os seus companheiros de colmeia. A ZigBee Alliance é um grupo de empresas que mantém e publica a norma Zigbee.

O ZigBee funciona nas bandas de rádio industriais, científicas e médicas (ISM); 868 MHz na Europa, 915 MHz em países como os EUA e a Austrália e 2,4 GHz na maior parte das jurisdições a nível mundial. A tecnologia pretende ser mais simples e mais barata do que outras WPANs, como o Bluetooth. Os fornecedores de chips ZigBee vendem normalmente rádios e microcontroladores integrados com uma memória flash entre 60K e 128K, como o MC13213 Free scale, o Ember EM250 e o Texas Instruments CC2430. Os rádios também estão disponíveis de forma autónoma para serem utilizados com qualquer processador ou microcontrolador. Em geral, os fornecedores de chips também oferecem a pilha de software ZigBee, embora também existam outras independentes.

Fig: Módulo ZIGBEE

O módulo HC12 zigbee é um módulo de comunicação serial sem fio half duplex com 100 canais na gama de 433,4 - 473,0MHZ que é capaz de transmitir até até 1km.

4.2 TIPOS DE DISPOSITIVOS:

Existem quatro tipos diferentes de dispositivos Zigbee:

Coordenador ZigBee (ZC):

O dispositivo mais capaz, o coordenador, forma a raiz da árvore da rede e pode fazer a ponte para outras redes. Existe exatamente um coordenador ZigBee em cada rede, uma vez que é o dispositivo que iniciou a rede originalmente. É capaz de armazenar informações sobre a rede, incluindo atuar como Centro de Confiança e repositório de chaves de segurança.

Router ZigBee (ZR): Para além de executar uma função de aplicação, um router pode atuar como um router intermédio, passando dados de outros dispositivos.

Dispositivo final ZigBee (ZED): Contém apenas a funcionalidade suficiente para falar com o nó principal (o coordenador ou um router); não pode retransmitir dados de outros dispositivos. Esta relação permite que o nó esteja adormecido durante uma parte significativa do tempo, proporcionando assim uma longa duração da bateria. Um ZED requer a menor quantidade de memória e, portanto, pode ser menos dispendioso de fabricar do que um ZR ou ZC.

Objeto de Dispositivo Zigbee (ZDO): Um dispositivo especial numa rede Zigbee responsável por um número de tarefas, que incluem a manutenção das funções do dispositivo, a gestão de pedidos de adesão a uma rede, a descoberta de dispositivos e a segurança.

Protocolos

Os protocolos ZigBee suportam redes com e sem beacon.

Em **redes não habilitadas para beacon** (aquelas cuja ordem de beacon é 15), é utilizado um mecanismo de acesso ao canal CSMA/CA sem slots. Neste tipo de rede, os Routers ZigBee têm normalmente os seus receptores continuamente activos, exigindo uma fonte de alimentação mais robusta. No entanto, isto permite a existência de redes heterogéneas em que alguns dispositivos recebem continuamente, enquanto outros apenas transmitem quando é detectado um estímulo externo. O exemplo típico de uma rede heterogénea é um interruptor de luz sem fios: o nó ZigBee na lâmpada pode receber constantemente, uma vez que está ligado à rede eléctrica, enquanto um interruptor de luz alimentado por bateria permaneceria adormecido até o interruptor ser acionado. O interruptor acorda então, envia um comando para a lâmpada, recebe um aviso de receção e volta a dormir. Numa rede deste tipo, o nó da lâmpada será, pelo menos, um Router ZigBee, se não o Coordenador ZigBee; o nó do interruptor é, normalmente, um Dispositivo Final ZigBee.

Nas **redes activadas por beacon**, os nós de rede especiais denominados Routers ZigBee transmitem beacons periódicos para confirmar a sua presença a outros nós de rede. Os nós podem dormir entre os beacons, reduzindo assim o seu ciclo de funcionamento e prolongando a vida útil da bateria. Os intervalos de sinalização podem variar entre 15,36 milissegundos e 15,36 ms * 2^{14} = 251,65824 segundos a 250 Kbit/s, entre 24 milissegundos e 24 ms * 2^{14} = 393,216 segundos a 40 Kbit/s e entre 48 milissegundos e 48 ms * 2^{14} = 786,432 segundos a 20 Kbit/s. No entanto, o funcionamento com baixo ciclo de funcionamento e longos intervalos de sinalização exige uma temporização exacta, o que pode entrar em conflito com a necessidade de um baixo custo do produto.

Em geral, os protocolos ZigBee minimizam o tempo em que o rádio está ligado, de modo a reduzir o consumo de energia. Nas redes de balizamento, os nós só precisam de estar activos enquanto um sinalizador está a ser transmitido.

Em redes sem beacon, o consumo de energia é decididamente assimétrico: alguns dispositivos estão sempre activos, enquanto outros passam a maior parte do tempo a dormir.

Os dispositivos ZigBee têm de estar em conformidade com a norma IEEE 802.15.4-2003 para redes pessoais sem fios de baixa velocidade (WPAN). A norma especifica as camadas de protocolo inferiores - a camada física (PHY) e a parte de controlo de acesso ao meio (MAC) da camada de ligação de dados (DLL). Esta norma especifica o funcionamento nas bandas ISM não licenciadas de 2,4 GHz, 915 MHz e 868 MHz. Na banda de 2,4 GHz existem 16 canais ZigBee, sendo que cada canal requer 5 MHz de largura de banda. A frequência central para cada canal pode ser calculada como, F_C = (2350 + (5 * ch)) MHz, onde ch = 11, 12... 26.

O modo básico de acesso ao canal é "carrier sense, multiple access/collision avoidance" (CSMA/CA). Ou seja, os nós falam da mesma forma que as pessoas conversam; verificam brevemente se ninguém está a falar antes de começarem. Existem três excepções notáveis à utilização do CSMA. Os beacons são enviados num horário fixo e não usam CSMA. As confirmações de mensagens também não usam CSMA. Por fim, os dispositivos em redes orientadas por beacons que têm requisitos de baixa latência em tempo real também podem usar GTS (Guaranteed Time Slots), que, por definição, não usam CSMA.

Software e hardware:

O software foi concebido para ser fácil de desenvolver em microprocessadores pequenos e baratos. O design do rádio utilizado pelo ZigBee foi cuidadosamente optimizado para baixo custo na produção em grande escala. Tem poucos estágios analógicos e usa circuitos digitais sempre que possível.

Embora os rádios em si sejam baratos, o processo de qualificação do ZigBee envolve uma validação completa dos requisitos da camada física. Esta preocupação com a camada física tem várias vantagens, uma vez que todos os rádios derivados desse conjunto de máscaras de semicondutores teriam as mesmas caraterísticas de RF. Por outro lado, uma camada física não certificada que funcione mal pode prejudicar a vida útil da bateria de outros dispositivos numa rede ZigBee. Enquanto outros protocolos podem mascarar uma sensibilidade fraca ou outros problemas esotéricos numa resposta de compensação de desvanecimento, os rádios ZigBee têm restrições de engenharia muito apertadas: são limitados em termos de potência e largura de banda. Assim, os rádios são testados de acordo com a norma ISO 17025 com orientação dada pela Cláusula 6 da Norma 802.15.4-2006.

A maioria dos fornecedores planeia integrar o rádio e o microcontrolador num único chip.

4.3 TOPOLOGIAS ZIGBEE:

O Zigbee suporta várias topologias de rede; no entanto, as configurações mais utilizadas são as topologias em estrela, em malha e em árvore de cluster. Qualquer topologia é constituída por um ou mais coordenadores.

Numa topologia em estrela, a rede é constituída por um coordenador que é responsável por iniciar e gerir os dispositivos na rede. Todos os outros dispositivos são chamados dispositivos finais que comunicam diretamente com o coordenador. Esta topologia é utilizada nas indústrias em que todos os dispositivos terminais são necessários para comunicar com o controlador central, sendo esta topologia simples e fácil.

Nas topologias em malha e em árvore, a rede zigbee é alargada com vários routers em que o coordenador é responsável por os iniciar. Estas estruturas permitem que qualquer dispositivo com qualquer outro nó adjacente forneça redundância aos dados.

Aplicações:

- Energia inteligente ZigBee
- Aplicações de telecomunicações
- Cuidados hospitalares

CAPÍTULO 5 : ECRÃ DE CRISTAIS LÍQUIDOS (LCD)

5.1 INTRODUÇÃO:

Um ecrã de cristais líquidos (LCD) é um dispositivo de visualização fino e plano constituído por um qualquer número de pixels coloridos ou monocromáticos dispostos em frente de uma fonte de luz ou de um refletor. Cada pixel é constituído por uma coluna de moléculas de cristais líquidos suspensa entre dois eléctrodos transparentes e dois filtros polarizadores, cujos eixos de polaridade são perpendiculares entre si. Sem os cristais líquidos entre eles, a luz que passa por um seria bloqueada pelo outro. O cristal líquido distorce a polarização da luz que entra num filtro para permitir a sua passagem através do outro.

Um programa deve interagir com o mundo exterior utilizando dispositivos de entrada e saída que comunicam diretamente com um ser humano. Um dos dispositivos mais comuns ligados a um controlador é um ecrã LCD. Alguns dos LCDs mais comuns ligados aos controladores são os ecrãs 16X1, 16x2 e 20x2. Isto significa 16 caracteres por linha por 1 linha, 16 caracteres por linha por 2 linhas e 20 caracteres por linha por 2 linhas, respetivamente.

Muitos dispositivos microcontroladores utilizam ecrãs "smart LCD" para produzir informação visual. Os ecrãs LCD concebidos com base no módulo LCD NT-C1611 são baratos, fáceis de utilizar e é mesmo possível produzir uma leitura utilizando os 5X7 pontos mais o cursor do ecrã. Dispõem de um conjunto normalizado de caracteres ASCII e de símbolos matemáticos. Para um barramento de dados de 8 bits, o ecrã necessita de uma alimentação de +5V mais 10 linhas I/O (RS RW D7 D6 D5 D4 D3 D2 D1 D0). Para um barramento de dados de 4 bits, apenas necessita das linhas de alimentação mais 6 linhas extra (RS RW D7 D6 D5 D4). Quando o ecrã LCD não está ativado, as linhas de dados estão em tristate e não interferem com o funcionamento do microcontrolador.

5.2 CARACTERÍSTICAS:

- Interface com microprocessador de 4 ou 8 bits.

- Dados do ecrã RAM
- 80x8 bits (80 caracteres).
- Gerador de caracteres ROM
- 160 padrões diferentes de caracteres de matriz de pontos 5X7.
- Gerador de caracteres RAM
- 8 padrões diferentes de matriz de pontos 5X7 programados pelo utilizador.
- A RAM de dados do ecrã e a RAM do gerador de caracteres podem ser acedidas pelo microprocessador.
- Numerosas instruções
- Limpar o ecrã, Início do cursor, Ligar/Desligar o ecrã, Ligar/Desligar o cursor, Carácter intermitente, Deslocação do cursor, Deslocação do ecrã.
- O circuito de reinicialização incorporado é acionado ao ligar a alimentação.
- Oscilador incorporado.

Os dados podem ser colocados em qualquer localização no LCD. Para LCD 16×1, as localizações de endereço são:

POSITION		1	2	3	4	5	6	7	8	9	10	11	12	13	14	15	16
ADDRESS	LINE1	00	01	02	03	04	05	06	07	40	41	42	43	44	45	46	47

Fig: Endereços de um LCD de 1x16 linhas

FORMAS E TAMANHOS:

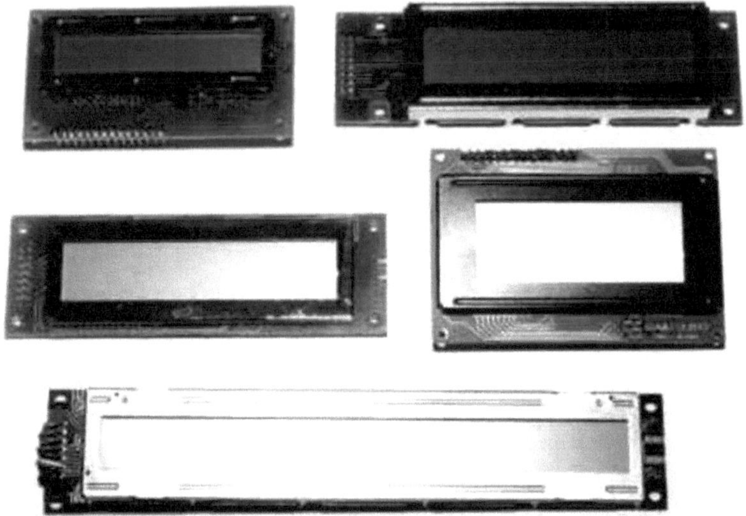

Mesmo limitados a módulos baseados em caracteres, existe ainda uma grande variedade de formas e tamanhos disponíveis. Os comprimentos de linha de 8, 16, 20, 24, 32 e 40 caracteres são todos padrão, em versões de uma, duas e quatro linhas.

Existem várias tecnologias LC diferentes. Os tipos "Supertwist", por exemplo, oferecem um contraste e um ângulo de visualização melhorados em relação aos antigos tipos "twisted pneumatic". Alguns módulos estão disponíveis com iluminação de fundo, para que possam ser visualizados em condições de fraca luminosidade. A iluminação de fundo pode ser "eletroluminescente", exigindo um circuito inversor de alta tensão, ou uma simples iluminação LED.

5.3 DIAGRAMA DE BLOCOS ELÉCTRICOS:

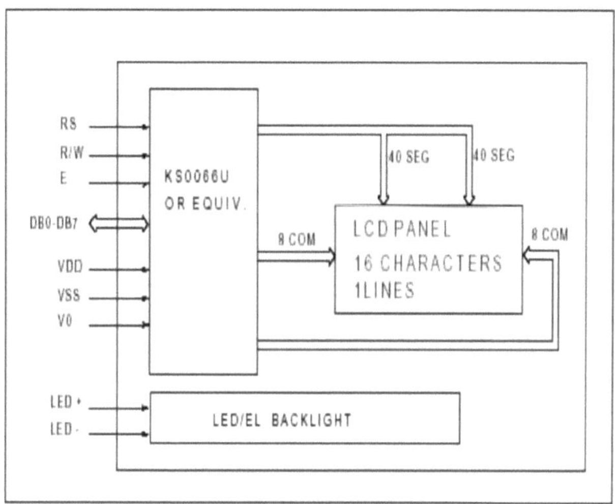

FONTE DE ALIMENTAÇÃO PARA A CONDUÇÃO DO LCD:

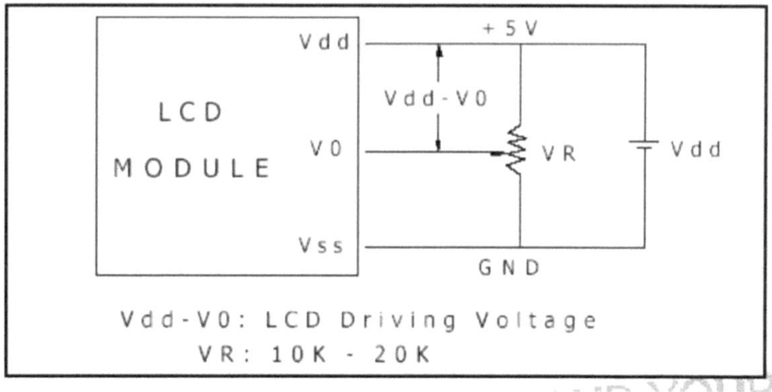

5.4 DESCRIÇÃO DO PINO:

A maioria dos LCDs com 1 controlador tem 14 pinos e os LCDs com 2 controladores têm 16 pinos (há dois pinos extra em ambos para as ligações do LED de retroiluminação).

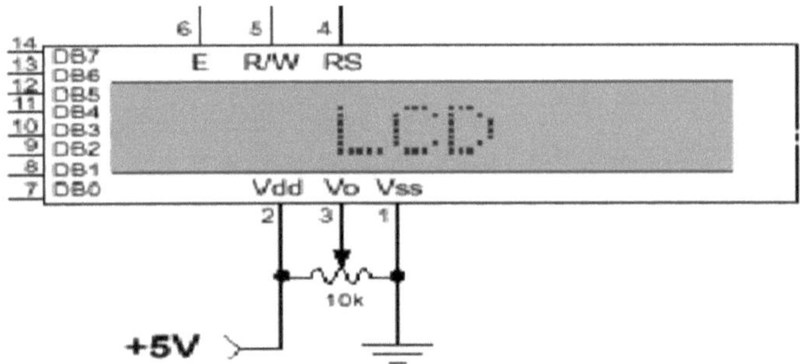

Fig: diagrama de pinos do LCD de 1x16 linhas

PIN	SYMBOL	FUNCTION
1	Vss	Power Supply(GND)
2	Vdd	Power Supply(+5V)
3	Vo	Contrast Adjust
4	RS	Instruction/Data Register Select
5	R/W	Data Bus Line
6	E	Enable Signal
7-14	DB0-DB7	Data Bus Line
15	A	Power Supply for LED B/L(+)
16	K	Power Supply for LED B/L(-)

LINHAS DE CONTROLO:

PT:

A linha de controlo chama-se "Enable". Esta linha de controlo é utilizada para informar o LCD de que está a enviar dados. Para enviar dados para o LCD, o seu programa deve certificar-se de que esta linha está baixa (0) e, em seguida, definir as outras duas linhas de controlo e/ou colocar dados no barramento de dados. Quando as outras linhas estiverem completamente prontas, coloque a EN alta (1) e espere o tempo mínimo exigido pela folha de dados do LCD (isto varia de LCD para LCD), e termine colocando-a baixa (0) novamente.

RS:

A linha RS é a linha "Register Select". Quando RS é baixo (0), os dados devem ser tratados como um comando ou instrução especial (como limpar o ecrã, posicionar o cursor, etc.). Quando RS é alto (1), os dados enviados são dados de texto que devem ser apresentados no ecrã. Por exemplo, para mostrar a letra "T" no ecrã, deve colocar RS alto.

RW:

é a linha de controlo de "Leitura/Escrita". Quando RW é baixo (0), a informação no bus de dados está a ser escrita no LCD. Quando RW é alto (1), o programa está efetivamente a consultar (ou a ler) o LCD. Apenas uma instrução ("Get LCD status") é um comando de leitura. Todas as outras são comandos de escrita, pelo que RW estará quase sempre baixo.

Finalmente, o barramento de dados é constituído por 4 ou 8 linhas (consoante o modo de funcionamento selecionado pelo utilizador). No caso de um barramento de dados de 8 bits, as linhas são designadas por DB0, DB1, DB2, DB3, DB4, DB5, DB6 e DB7.

Estado lógico das linhas de controlo:

- E - 0 Acesso ao LCD desativado, E - 1 Acesso ao LCD ativado
- R/W - 0 Escrita de dados no LCD, R/W - 1 Leitura de dados do LCD

- RS - 0 Instruções, RS -1 Caracteres

Escrita de dados no LCD:

1) Colocar o bit R/W em baixo
2) Colocar o bit RS na lógica 0 ou 1 (instrução ou carácter)
3) Definir dados para as linhas de dados (se estiver a escrever)
4) Colocar a linha E em alta
5) Colocar a linha E em baixo

Ler dados das linhas de dados (se estiver a ler) no LCD:

1) Colocar o bit R/W em posição alta
2) Colocar o bit RS na lógica 0 ou 1 (instrução ou carácter)
3) Definir dados para as linhas de dados (se estiver a escrever)
4) Colocar a linha E em alta
5) Colocar a linha E em baixo

Introduzir texto:

Em primeiro lugar, uma pequena dica: é muito mais fácil introduzir manualmente caracteres e comandos em hexadecimal do que em binário (embora, como é óbvio, seja necessário traduzir os comandos de um par de interruptores rotativos hexadecimais subminiatura em binário é uma questão simples, embora um pouco em hexadecimal para saber quais os bits que está a definir). É necessário substituir o conjunto de interruptores por uma nova cablagem.

Os interruptores devem ser do tipo On = 0, de modo que, quando são colocados na posição zero, as quatro saídas estão em curto-circuito com o pino comum e, na posição "F", as quatro saídas estão em circuito aberto.

Ao estudar a tabela, verá que os códigos associados aos caracteres são cotados em binário e hexadecimal, com os bits mais significativos (quatro bits "à esquerda") em cima e os menos significativos (quatro bits "à direita") em baixo, à esquerda.

A maioria dos caracteres está em conformidade com a norma ASCII, embora os caracteres japoneses e gregos (e algumas outras coisas) sejam excepções óbvias. Uma vez que estes módulos inteligentes do foram concebidos no "País do Sol Nascente", parece justo que os seus símbolos fonéticos Katakana também sejam incorporados. O conjunto de caracteres Kanji, mais extenso, que os japoneses partilham com os chineses e que consiste em vários milhares de caracteres diferentes, não está incluído!

Utilizando os interruptores, qualquer que seja o seu tipo, e consultando a Tabela 3, introduzir no ecrã alguns caracteres, tanto letras como números. O interrutor RS (S10) deve estar "em cima" (lógica 1) no momento do envio dos caracteres, e o interrutor E (S9) deve ser premido para cada um deles. Assim, a ordem de funcionamento é: colocar RS alto, introduzir um carácter, acionar E, deixar RS alto, introduzir outro carácter, acionar E, e assim sucessivamente.

Os primeiros 16 códigos da Tabela 3, 00000000 a 00001111, ($00 a $0F) referem-se à CGRAM. Esta é a RAM do Gerador de Caracteres (memória de acesso aleatório), que pode ser utilizada para guardar caracteres gráficos definidos pelo utilizador. É aqui que estes módulos começam realmente a mostrar o seu potencial, oferecendo capacidades como gráficos de barras, símbolos intermitentes e até caracteres animados. Antes de os caracteres definidos pelo utilizador serem configurados, estes códigos apenas apresentam símbolos de aspeto estranho.

Os códigos 00010000 a 00011111 (10 a 1F) não são utilizados e apresentam apenas caracteres em branco. Os códigos ASCII "próprios" começam em 00100000 (20) e terminam em 01111111 (7F). Os códigos 10000000 a 10011111 (80 a 9F) não são utilizados e 10100000 a 11011111 (A0 a DF) são os caracteres japoneses.

INICIALIZAÇÃO POR INSTRUÇÕES:

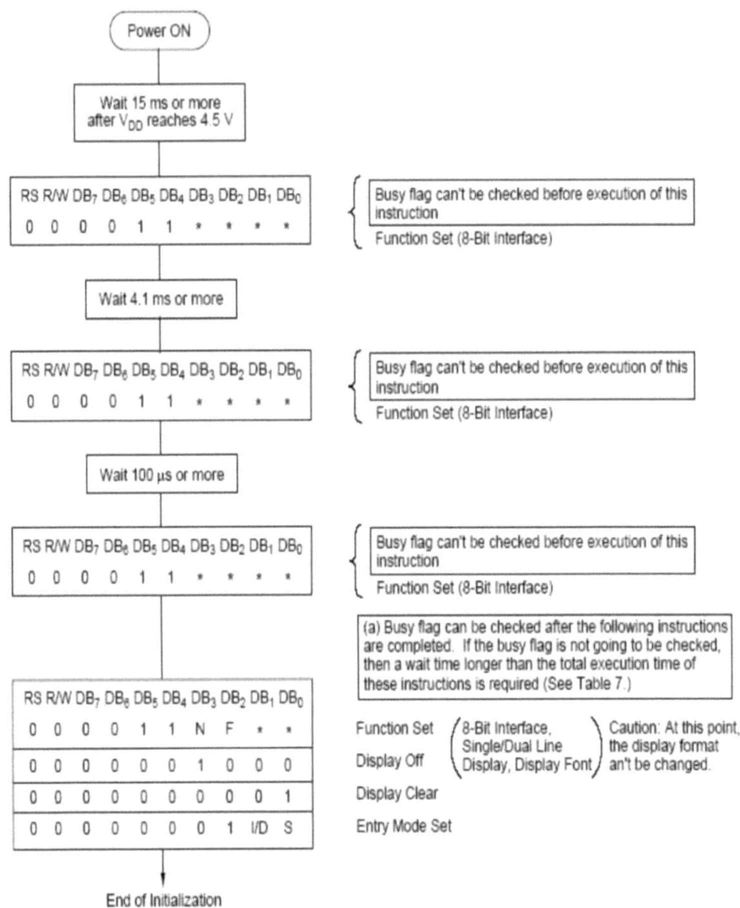

CAPÍTULO 6 : COMPONENTES

6.1 BUZZER:

Uma **campainha** ou **um sinal sonoro** é um dispositivo de sinalização, normalmente eletrónico, utilizado em automóveis, electrodomésticos, como um forno micro-ondas, ou em programas de jogos.

É geralmente constituído por um conjunto de interruptores ou sensores ligados a uma unidade de controlo que determina se e qual o botão que foi premido ou se decorreu um período de tempo pré-definido, acendendo normalmente uma luz no botão ou no painel de controlo correspondente e emitindo um aviso sob a forma de um zumbido ou sinal sonoro contínuo ou intermitente. Inicialmente, este dispositivo baseava-se num sistema eletromecânico, idêntico a uma campainha eléctrica, sem o conjunto metálico. Muitas vezes, estes aparelhos eram fixados a uma parede ou ao teto e utilizavam o teto ou a parede como caixa de ressonância.

Outra implementação com alguns dispositivos ligados à corrente alternada consistia em implementar um circuito para transformar a corrente alternada num ruído suficientemente alto para acionar um altifalante e ligar este circuito a um altifalante barato de 8 ohms. Hoje em dia, é mais popular usar uma sirene piezoeléctrica de base cerâmica, como um alerta Son, que emite um tom agudo. Normalmente, estes eram ligados a circuitos de "driver" que variavam o tom do som ou o ligavam e desligavam.

Nos espectáculos de jogos, também é conhecido como "sistema de bloqueio", porque quando uma pessoa faz sinal ("buzina"), todas as outras ficam impedidas de fazer sinal. Vários espectáculos de jogos têm grandes botões de campainha que são identificados como "plungers".

A palavra "buzzer" (campainha) provém do ruído de raspagem que as campainhas faziam quando eram dispositivos electromecânicos, operados a partir de uma tensão de linha CA descendente a 50 ou 60 ciclos. Outros sons normalmente utilizados para indicar que um botão foi premido são um toque ou um sinal sonoro.

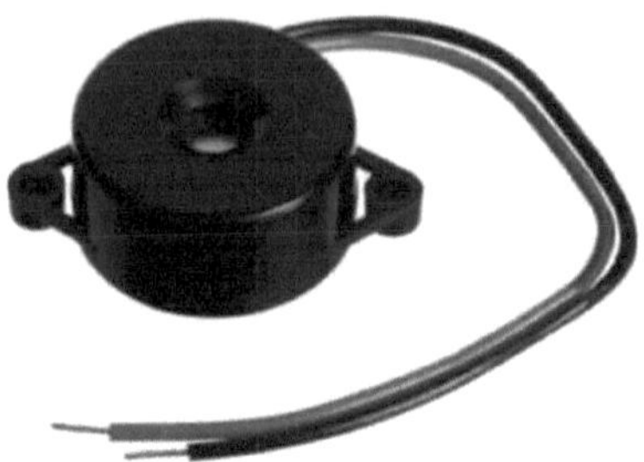

Fig: Campainha

6.2 LM35 (SENSOR DE TEMPERATURA):

A série LM35 é constituída por sensores de temperatura de precisão de circuito integrado, cuja tensão de saída é linearmente proporcional à temperatura Celsius (centígrada). O LM35 tem assim uma vantagem sobre os sensores de temperatura lineares calibrados em ° Kelvin, uma vez que o utilizador não é obrigado a subtrair uma grande tensão constante da sua saída para obter uma escala conveniente de grau Centi. O LM35 não requer qualquer calibração externa ou corte de linha para fornecer precisões típicas de ±(1)⁄4°C à temperatura ambiente e ±(3)⁄4°C numa gama de temperaturas de 55 a 150°C. O baixo custo é assegurado pelo corte e calibração ao nível da água. A impedância de saída lenta, a saída linear e a calibração inerente precisa do LM35 tornam a interface com circuitos de leitura ou de controlo especialmente fácil. Pode ser utilizado com uma única fonte de alimentação, ou com fontes de alimentação mais e menos, e retira apenas 60μA da sua fonte de alimentação, com um auto-aquecimento muito baixo, inferior a 0,1°C no ar. O LM35 está classificado para funcionar num intervalo de temperatura de -55° a +150°C, enquanto o LM35 C está classificado para um intervalo de -40° a +110°C (-10° com precisão melhorada).

Embalados em pacotes de transístores TO-46 herméticos, enquanto os LM35C, LM35CA e LM35D também estão disponíveis no pacote de transístores TO-92 de plástico. O LM35D também está disponível numa embalagem de montagem em superfície de 8 vias e numa embalagem de plástico TO-220.

CARACTERÍSTICAS:

- Calibrado diretamente em °Celsius (centígrados)
- Linear +10,0mV/oC fator de escala
- Garantia de precisão de O.50C (a +25oC)
- Classificado para gama completa-55θa+150θC
- Adequado para aplicações remotas
- Baixo custo devido ao corte ao nível da bolacha
- Funciona de 4 a 30 volts
- Dreno de corrente inferior a 60μA
- Baixo auto-aquecimento, 0,080C de ar instilado.
- Não linearidade apenas± (1)⁄4oC típica
- Saída de baixa impedância, 0,1 para carga de 1mA.

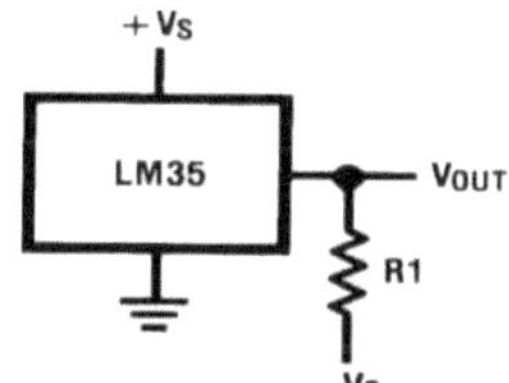

FIG: Sensor de temperatura

DIAGRAMA DE BLOCO:

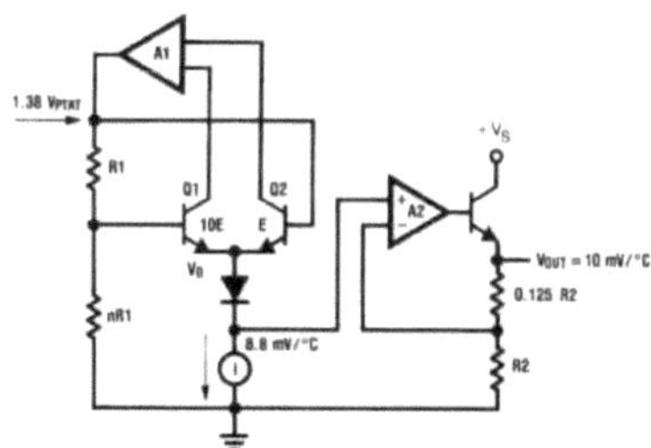

O LM35 é um sensor de temperatura que emite um sinal analógico que é proporcional à temperatura instantânea. A tensão de saída pode ser facilmente interpretada para obter uma leitura da temperatura em graus Celsius. A vantagem do lm35 em relação ao termístor é que não requer qualquer calibração externa. O revestimento também o protege do auto-aquecimento. O baixo custo e a maior precisão tornam-no popular entre os amadores, os fabricantes de circuitos DIY e os estudantes. Muitos produtos de gama baixa tiram partido do baixo custo e da maior precisão e utilizam o LM35 nos seus produtos. Passaram cerca de 15 anos desde o seu primeiro lançamento, mas o sensor continua a sobreviver e é utilizado em muitos produtos.

6.3 RESISTÊNCIA DEPENDENTE DA LUZ (LDR):

Uma resistência fotográfica ou resistência dependente da luz ou célula de CdS (sulfureto de cádmio) é uma resistência cuja resistência diminui com o aumento da intensidade da luz incidente. Também pode ser designada por fotocondutor.

Uma foto-resistência é feita de um semicondutor de alta resistência. Se a luz que incide sobre o dispositivo for de frequência suficientemente elevada, os fotões absorvidos pelo semicondutor dão aos electrões ligados energia suficiente para saltarem para a banda de condução. O eletrão livre resultante (e o seu parceiro buraco) conduzem eletricidade, diminuindo assim a resistência.

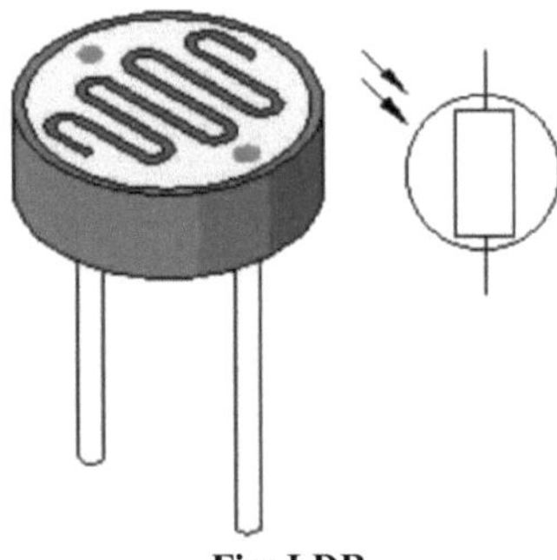

Fig: LDR

Um dispositivo fotoelétrico pode ser intrínseco ou extrínseco. Um semicondutor intrínseco tem os seus próprios portadores de carga e não é um semicondutor eficiente, por exemplo, o silício. Nos dispositivos intrínsecos, os únicos electrões disponíveis encontram-se na banda de valência, pelo que o fotão deve ter energia suficiente para excitar o eletrão ao longo de todo o intervalo de banda. Nos dispositivos extrínsecos são adicionadas impurezas, também chamadas dopantes, cuja energia no estado fundamental está mais próxima da banda de condução; uma vez que os electrões não têm de saltar tanto, os fotões de energia mais baixa (ou seja, comprimentos de onda mais longos e frequências mais baixas) são suficientes para acionar o dispositivo. Se uma amostra de silício tiver alguns dos seus átomos substituídos por átomos de fósforo (impurezas), haverá mais electrões disponíveis para a condução. Este é um exemplo de um semicondutor extrínseco.

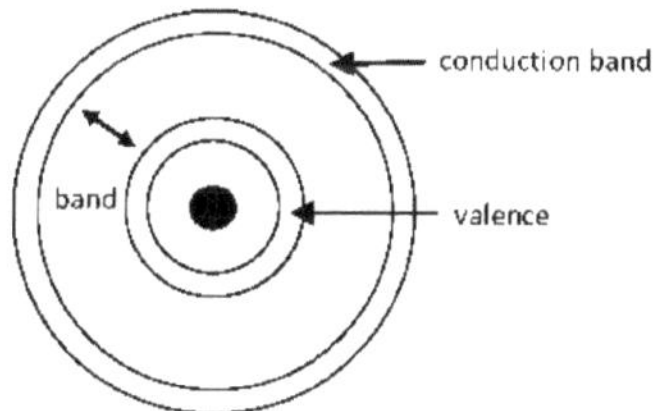

Células de sulfureto de cádmio:

(CdS) baseiam-se na capacidade do material de variar a sua resistência em função da quantidade de luz que incide sobre a célula. Quanto mais luz incidir sobre a célula, menor será a resistência. Embora não seja exacta, mesmo uma simples célula de CdS pode ter uma ampla gama de resistências, desde menos de 100 Ω em luz brilhante até mais de 10 MΩ na escuridão.

Os LDRs padrão à base de cádmio têm uma resposta de frequência que varia de acordo com o nível de luz, mas os tempos de queda típicos variam de 15 ms a 25 ms e os tempos de subida típicos variam de 50 ms a 70 ms, pelo que podem ser inadequados para ligações de dados e digitalização de imagens. Provavelmente, o LDR mais conhecido é o ORP12. Atualmente, são mais populares os dispositivos mais pequenos e mais baratos.

Um exemplo de circuito de sensor de luz LDR:

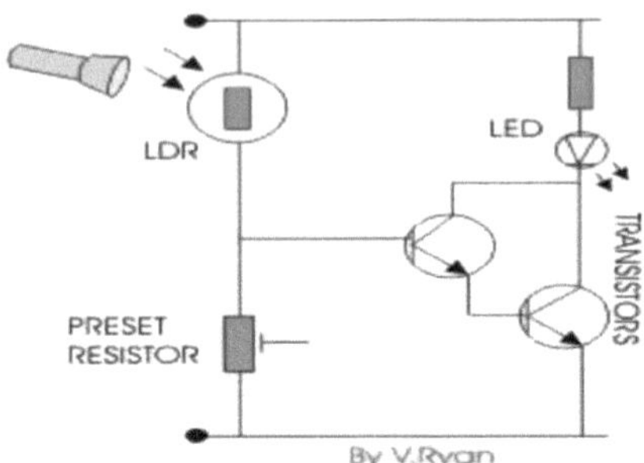

Quando o nível de luz é baixo, a resistência do LDR é alta. Isto impede a passagem de corrente para a base dos transístores. Consequentemente, o LED não acende.

No entanto, quando a luz incide sobre o LDR, a sua resistência diminui e a corrente passa para a base do primeiro transístor e depois para o segundo transístor. A resistência predefinida pode ser rodada para cima ou para baixo para aumentar ou diminuir a resistência, podendo assim tornar o circuito mais ou menos sensível.

Aplicações:

As resistências fotográficas existem em muitos tipos diferentes. As células baratas de sulfureto de cádmio podem ser encontradas em muitos artigos de consumo, tais como contadores de luz de câmaras, rádios-relógio, alarmes de segurança, luzes de rua e relógios de exterior. Também são utilizadas em alguns compressores dinâmicos juntamente com uma pequena lâmpada incandescente ou um díodo emissor de luz para controlar a redução de ganho.

Os LDRs de sulfureto de chumbo e de antimonite de índio são utilizados para a região espetral do infravermelho médio. Ge: Cu estão entre os melhores detectores de infravermelhos distantes disponíveis e são utilizados em astronomia de infravermelhos e espetroscopia de infravermelhos.

6.4 SENSOR DE TENSÃO:

As tensões analógicas dos sensores são enviadas primeiro para uma unidade de condicionamento que pode servir para vários fins. Um dos primeiros subcomponentes desta unidade é um banco de circuitos de derivação; a saída bruta real de muitos sensores (por exemplo, acelerómetros piezo-cerâmicos) é uma corrente em vez de uma tensão, e um circuito de derivação utiliza a lei de Ohm para converter esta corrente numa tensão adequada para utilização com o sistema DAQ. Os sistemas DAQ têm entradas de corrente/tensão separadas ou interruptores que activam os circuitos de derivação nos canais de entrada analógica quando necessário. No entanto, nem todas as tensões dos sensores são adequadas para as limitações de tensão (VR) dos componentes do DAQ (como o ADC). Assim, muitos sinais de tensão analógicos necessitam de amplificação ou atenuação para evitar os efeitos de saturação nos ganhos dos amplificadores na maioria dos sistemas DAQ modernos são controláveis individualmente em cada canal através de uma lógica de comutação que liga bancos de resistências variáveis (para amplificação) ou liga redes de divisores de tensão de resistências variáveis (para atenuação).

A forma específica das ligações com fios à unidade DAQ é tipicamente de extremidade simples ou diferencial. As ligações de extremidade simples utilizam uma linha do sensor como entrada ativa para o amplificador e referenciam a outra à terra, que tem de ser comum a todos os canais do sensor analógico. O ponto de terra comum é externo, normalmente fornecido pela placa DAQ. Se todos os sensores não puderem ser ligados à terra comum, ou se existir uma fonte de terra separada em algum ponto de origem (fonte de alimentação para os sensores, por exemplo) que não possa ser ligada à terra comum, existe a possibilidade de uma tensão de modo comum, que se combinará de forma imprevisível com os sinais de entrada verdadeiros para causar interferência. Por outro lado, as ligações com terminais diferenciais permitem medir diferenças de tensão entre sensores ligados à terra de forma variável e/ou outras fontes de tensão. Aqui, a segunda linha do sensor é ligada ao amplificador sem qualquer junção de terra e a tensão medida é a diferença através do amplificador; por isso, é muitas vezes chamada de medição "flutuante" porque não é medida em relação a uma terra fixa.

Após o condicionamento do sinal, cada saída do sensor tem de ser multiplexada. Os multiplexadores são basicamente circuitos integrados que utilizam flip-flops paralelos para selecionar rapidamente linhas individuais e transmitir a informação, permitindo que um sistema multicanal partilhe uma telemetria e um ADC comuns.

Isto reduz drasticamente o custo dos sistemas DAQ. A desvantagem para algumas aplicações é que, inevitavelmente, existe um atraso entre canais induzido pelo multiplexador, uma vez que este seleciona individualmente cada canal, levando a atrasos na sincronia absoluta dos dados registados em vários canais.

A verdadeira amostragem simultânea pode ser obtida sem um multiplexador, mas desde que o atraso entre canais seja insignificante em comparação com a frequência de amostragem global, os erros de fase resultantes também serão insignificantes. Finalmente, os dados analógicos são enviados para o ADC para digitalização

Fig: Sensor de tensão

6.5 SENSOR DE CORRENTE:

Um sensor de corrente é um dispositivo que detecta e converte a corrente numa tensão de saída facilmente mensurável, que é proporcional à corrente através do percurso medido.

Quando uma corrente flui através de um fio ou de um circuito, ocorre uma queda de

tensão. Além disso, é gerado um campo magnético em torno do condutor que transporta a corrente. Estes dois fenómenos são utilizados na conceção de sensores de corrente. Assim, existem dois tipos de deteção de corrente: direta e indireta. A deteção direta baseia-se na lei de Ohm, enquanto a deteção indireta se baseia nas leis de Faraday e de Ampere.

A deteção direta envolve a medição da queda de tensão associada à passagem de corrente através de componentes eléctricos passivos.

Fig: Sensor de corrente

6.6 RELAY:

Os circuitos eléctricos e electrónicos funcionam normalmente com uma vasta gama de tensões, correntes e potências nominais. Para cada circuito ou equipamento ou rede eléctrica ou sistema de energia, é necessário um sistema de proteção para evitar avarias ou danos temporários ou permanentes. Assim, os equipamentos ou circuitos utilizados para a proteção são designados por equipamentos ou circuitos de proteção.

No caso de uma pequena quantidade de tensões nominais, a proteção do circuito depende do custo do circuito original a proteger e do custo do sistema de proteção essencial para proteger o circuito. Mas, no caso de circuitos ou equipamentos de elevado custo, é desejável adotar um sistema de proteção ou circuito de proteção e um dispositivo de controlo ou circuito de controlo para evitar perdas e danos económicos.

O relé é um interrutor eletromecânico utilizado como dispositivo de proteção e também como dispositivo de controlo de vários circuitos, equipamentos e redes eléctricas num sistema de energia. O relé eletromecânico pode ser definido como um interrutor elétrico que completa ou interrompe um circuito através do movimento físico de contactos eléctricos em contacto uns com os outros.

Fig: Relé

6.7 CONTADOR DE ENERGIA:

O contador que é utilizado para medir a energia utilizada pela carga eléctrica é conhecido como contador de energia. A energia é a potência total consumida e utilizada pela carga num determinado intervalo de tempo. É utilizado em circuitos CA domésticos e industriais para medir o consumo de energia. O contador é menos dispendioso e mais preciso.

O contador de energia tem um disco de alumínio cuja rotação determina o consumo de energia da carga. O disco é colocado entre o espaço de ar do eletroíman em série e em derivação. O íman de derivação tem a bobina de pressão e o íman de série tem a bobina de corrente. A bobina de pressão cria o campo magnético devido à tensão de alimentação, e a bobina de corrente produz o campo magnético devido à corrente.

O campo induzido pela bobina de tensão está atrasado 90° em relação ao campo magnético da bobina de corrente, o que faz com que a corrente de Foucault seja induzida no disco. A interação entre a corrente de Foucault e o campo magnético provoca um binário, que exerce uma força sobre o disco. Assim, o disco começa a rodar. A força sobre o disco é proporcional à corrente e à tensão da bobina. O íman permanente controla a sua rotação. O íman permanente opõe-se ao movimento do disco e iguala-o ao consumo de energia. O ciclómetro conta a rotação do disco.

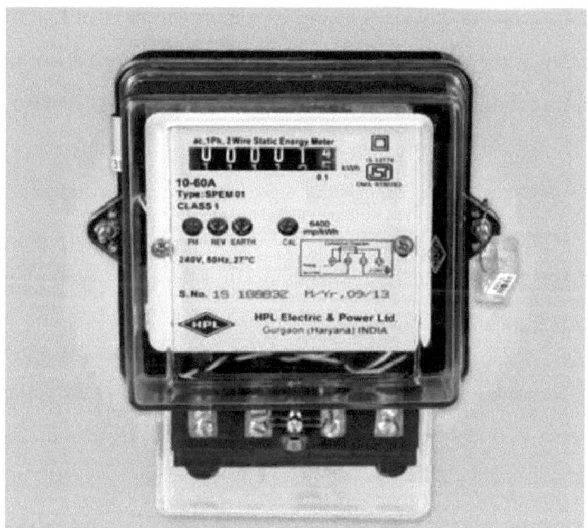

Fig: Contador de energia

CAPÍTULO 7 : PROCEDIMENTO DE TRABALHO

As subestações da linha de distribuição estão ligadas na configuração de transmissão e na sala de controlo da subestação a configuração do recetor é mostrada no diagrama de blocos. O microcontrolador arduino é programado com os dados necessários e os valores de referência fixos de tensão, corrente e temperatura. O controlador verifica se essas referências fixas são ultrapassadas ou diminuídas para além do limite. Se esses valores forem ultrapassados ou diminuídos, o controlador dá ordens ao sinal sonoro para ligar, ao LCD para apresentar os valores no LCD, mostrando o valor específico ultrapassado ou diminuído, quer se trate de tensão, corrente ou temperatura, aos RELÉS para abrir os disjuntores, pelo que a carga é desligada, e também transmite a informação ou os dados ao recetor da subestação. O computador apresenta os dados através do zigbee na subestação. O sensor de temperatura aqui detectará se a temperatura aumenta devido a alta tensão ou qualquer outra coisa, então automaticamente desligará a carga e enviará informações para a subestação por zigbee.

Há uma variedade de aplicações de terminal disponíveis para várias plataformas para comunicar com o zigbee. Para simplificar, utilizamos o software Putty, pelo que temos de instalar um software Putty no computador pessoal ou portátil que se encontra na estação de controlo, uma vez que se trata de um emulador de terminal de código aberto gratuito, uma consola de série e uma aplicação de transferência de ficheiros de rede.

1. Abrir o software Putty e utilizar, passo a passo, o software como indicado nas figuras seguintes.

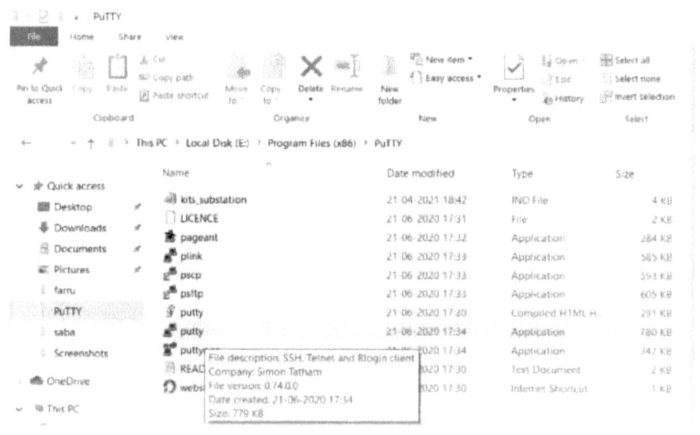

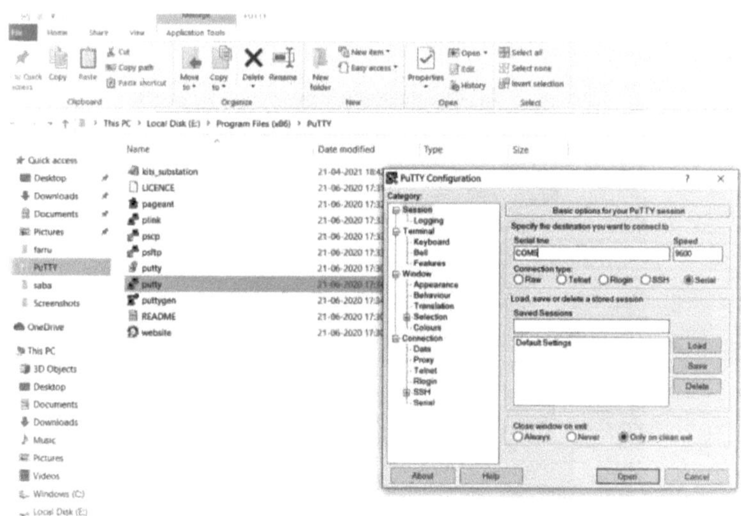

2. Abra a sessão putty e clique em linha de série e introduza o texto COM5, como mostrado, e depois clique em OK.

3. Em seguida, o ecrã abre-se como indicado na figura e estabelece a ligação com o transmissor, mostrando assim os parâmetros como indicado na figura abaixo.

```
COM5 - PuTTY
Temperature :9 °C
Voltage :211 v
current :10 mA
Units :0
BUZZER OFF LOAD ON
Temperature :0 °C
Voltage :235 v
current :10 mA
Units :0
BUZZER OFF LOAD ON
Temperature :0 °C
Voltage :283 v
current :10 mA
Units :0
BUZZER ON LOAD OFF
Obnormal voltage detected power off
Units :25926
Temperature :11 °C
Voltage :279 v
current :10 mA
Units :25926
BUZZER ON LOAD OFF
Obnormal voltage detected power off
Units :10107
Temperature :0 °C
current :10 mA
Units :10107
BUZZER ON LOAD OFF
Obnormal voltage detected power off
```

CAPÍTULO 8 : VANTAGENS

- O ZIGBEE é um protocolo sem fios em termos de consumo de energia e de escalabilidade. E esta rede tem uma estrutura de rede flexível.
- É um sistema sem fios de baixa potência e baixa taxa de dados, a configuração da rede é muito simples e fácil.
- Também fornece uma gama de dados adequada para fins de controlo e monitorização.
- Suporta um grande número de nós.
- Monitorização remota para evitar mais perdas de energia e de tempo.
- Não tem um controlador central e as cargas são igualmente distribuídas pela rede, o que garante uma eficiência justa.

CAPÍTULO 9 : APLICAÇÕES

- AUTOMAÇÃO DOMÉSTICA.

  Iluminação inteligente, controlo avançado da temperatura, segurança e proteção, filmes e música

  Recolhe as informações e executa as tarefas de controlo

  É utilizado em produtos electrónicos de consumo, como controlos remotos, reguladores de intensidade luminosa, interruptores e kits electrónicos.

  É utilizado na monitorização vital para monitorização do ritmo cardíaco, monitorização da taxa de calor corporal

- REDE DE SENSORES SEM FIOS:

  É constituído por sensores densamente distribuídos para monitorizar as condições físicas ou ambientais, como a temperatura, o som, a pressão, etc.

- RECOLHA DE DADOS MÉDICOS

  Os cuidados de saúde Zigbee constituem uma norma industrial para o intercâmbio de dados entre uma variedade de dispositivos médicos e não médicos.

- AUTOMATIZAÇÃO DE EDIFÍCIOS.

  A automatização de edifícios Zigbee permite a ligação de produtos sem fios e proporciona uma monitorização e controlo seguros e fiáveis dos sistemas de edifícios comerciais.

  Fornece aos fabricantes de produtos uma norma comprovada para expandir a sua linha de produtos e ajudar os seus clientes a adaptarem-se ao futuro.

- AUTOMAÇÃO INDUSTRIAL

  Nas indústrias de fabrico e produção, uma ligação de comunicação monitoriza continuamente vários parâmetros e equipamentos críticos. Assim, o zigbee reduz consideravelmente o custo de comunicação e optimiza o processo de controlo para uma maior fiabilidade.

- MEDIÇÃO INTELIGENTE

  As operações remotas Zigbee num contador inteligente incluem resposta ao consumo de energia, apoio à fixação de preços e segurança contra o roubo de energia, etc.

- Aviso de fumo e de intrusão.

CAPÍTULO 10 : ÂMBITO FUTURO

Em muitos países, o aumento da procura está a crescer a um ritmo mais rápido do que a capacidade de transmissão e o custo do fornecimento de energia também está a aumentar devido ao aumento dos preços do carvão e à escassez de combustível. Por conseguinte, controlar a utilização excessiva de energia e poupar energia será a questão mais importante no futuro. Para isso, um sistema de monitorização e controlo da energia como este será muito eficaz. Neste projeto, o alcance é limitado, mas podemos aumentá-lo de acordo com as necessidades. Além disso, o número de cargas pode ser aumentado no futuro.

RESULTADO

KIT OUTPUT:

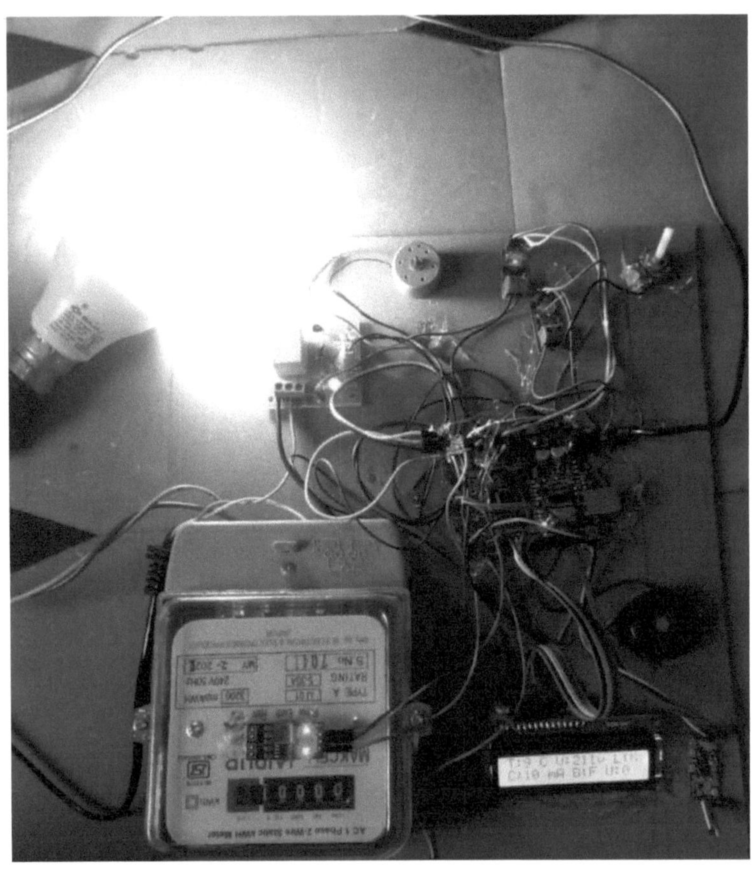

NVIDIA

T:0 C V:271v L:
C:10 mA B: U:0

CAPÍTULO 11 : CONCLUSÃO

A monitorização e o controlo dos parâmetros utilizam a rede de comunicação ZIGBEE, que tem um baixo custo de investimento e de operação. É também de fácil instalação e utilização. Pode reduzir os esforços humanos com a utilização da subestação, o que aumenta a vida útil do transformador, reduz as falhas e aumenta a estabilidade. Aumenta a eficiência do sistema. Isto conduz a operações precisas e fiáveis. Proporcionará uma monitorização rápida e fácil, mais eficiente do que a monitorização manual existente nas subestações. A partir deste projeto, podemos monitorizar a necessidade exacta de energia dos aparelhos ligados à rede zigbee. Assim, se algum dos aparelhos adquirir energia em excesso, o utilizador e a unidade de controlo de potência são alertados para esse facto. Após o alerta automático, a unidade de controlo é activada para controlar o excesso de fluxo de energia.

REFERÊNCIAS

- Jyotishman Pathak, Yuan Li, Vasant Honavar e James D. McCalley, "A Service-Oriented Architecture for Electric Power Transmission System Asset Management", In ICSOC Workshops, pp. 26-37, 2006: 26-37, 2006.
- B. A. Carreras, V. E. Lynch, D. E. Newman e I. Dobson, "Blackout Mitigation Assessment in Power Transmission Systems", Hawaii International Conference on System Science, janeiro de 2003.
- Xiaomeng Li e Ganesh K. Venayagamoorthy, "A Neural Network Based Wide Area Monitor for a Power System", IEEE Power Engineering Society General Meeting, Vol. 2, pp: 1455-1460, 2005.
- Argonne National Laboratory, "Assessment of the Potential Costs and Energy Impacts of Spill Prevention, Control, and Countermeasure equirements for Electric Utility Substations", Draft Energy Impact Issue Paper, 2006.
- R.R. Negenborn, A.G. Beccuti, T. Demiray, S. Leirens, G. Damm, B. De Schutter e M. Morari, "Supervisory hybrid model predictive control for voltage stability of power networks", Proceedings of the 2007 American Control Conference, Nova Iorque.
- G. Pudlo, S. Tenbohlen, M. Linders e G. Krost, "Integration of Power Transformer Monitoring and Overload Calculation into the Power System Control Surface", IEEE/PES Transmission and Distribution Conference and Exhibition, Vol. 1, pp. 470-474 Asia Pacific, 2002: 470-474 Ásia-Pacífico, 2002.
- Zhi-Hua Zhou, Yuan Jiang, Xu-Ri Yin e Shi-Fu Chen, "The Application of Visualization and Neural Network Techniques in a Power Transformer Condition Monitoring System", In: T. Hendtlass e M. Ali eds. Lecture Notesin Artificial Intelligence 2358, Berlim: Springer- Verlag, pp: 325-334, 2002.
- Over bye e Weber, "Visualization of power system data", in proceedings of 33rd Annual Hawaii International Conference on System Sciences, janeiro de 2000.

Printed by Books on Demand GmbH, Norderstedt / Germany